N. D'ORDRE
132

THÈSES

PRÉSENTÉES

A LA FACULTÉ DES SCIENCES DE PARIS

POUR OBTENIR

LE GRADE DE DOCTEUR ÈS SCIENCES MATHÉMATIQUES,

PAR M. J. GARLIN,

Ancien Élève de l'École Normale, Professeur au lycée de Lyon.

THÈSE DE MÉCANIQUE. SUR LES SURFACES ISOTHERMES ET ORTHOGONALES.

THÈSE D'ASTRONOMIE. SUR LES MOUVEMENTS APPARENTS.

Soutenues le 4 juillet 1853 devant la Commission d'examen.

MM. CHASLES, *Président.*
LAMÉ,
DELAUNAY, } *Examinateurs.*

PARIS,

MALLET-BACHELIER, IMPRIMEUR-LIBRAIRE
de l'École Polytechnique et du Bureau des Longitudes
Rue du Jardinet, 12.

1853.

N° D'ORDRE
122.

THÈSES

PRÉSENTÉES

A LA FACULTÉ DES SCIENCES DE PARIS

POUR OBTENIR

LE GRADE DE DOCTEUR ÈS SCIENCES MATHÉMATIQUES,

Par M. J. GARLIN,

Ancien Élève de l'École Normale, Professeur au lycée de Lyon.

Soutenues le 4 juillet 1853.

PARIS,

MALLET-BACHELIER, IMPRIMEUR-LIBRAIRE

de l'École Polytechnique et du Bureau des Longitudes,

Rue du Jardinet, 12.

1853.

N° D'ORDRE
172.

THÈSES

PRÉSENTÉES

A LA FACULTÉ DES SCIENCES DE PARIS

POUR OBTENIR

LE GRADE DE DOCTEUR ÈS SCIENCES MATHÉMATIQUES,

PAR M. J. GARLIN,

Ancien Élève de l'École Normale, Professeur au lycée de Lyon.

THÈSE DE MÉCANIQUE. Sur les surfaces isothermes et orthogonales.

THÈSE D'ASTRONOMIE. Sur les mouvements apparents.

Soutenues le 4 juillet 1853 devant la Commission d'examen.

MM. CHASLES, *Président*.
LAMÉ,
DELAUNAY, } *Examinateurs*.

PARIS,

MALLET-BACHELIER, IMPRIMEUR-LIBRAIRE
de l'École Polytechnique et du Bureau des Longitudes
Rue du Jardinet, 12.

1853.

ACADÉMIE DÉP^{LE} DE LA SEINE.

FACULTÉ DES SCIENCES DE PARIS.

Doyen	MILNE EDWARDS, Professeur	Zoologie, Anatomie, Physiologie.
Professeurs honoraires.	Le baron THENARD.	
	BIOT.	
	MIRBEL.	
	PONCELET.	
	AUG. DE SAINT-HILAIRE.	
Professeurs	CONSTANT PREVOST	Géologie.
	DUMAS	Chimie.
	DESPRETZ	Physique.
	STURM	Mécanique.
	DELAFOSSE	Minéralogie.
	BALARD	Chimie.
	LEFÉBURE DE FOURCY	Calcul différentiel et intégral.
	CHASLES	Géométrie supérieure.
	LE VERRIER	Astronomie physique.
	DUHAMEL	Algèbre supérieure.
	DE JUSSIEU	Physiologie végétale.
	GEOFFROY SAINT-HILAIRE.	Anatomie, Physiologie comparée, Zoologie.
	LAMÉ	Calcul des probabilités, Physique mathématique.
	DELAUNAY	Mécanique physique.
	PAYER	Organographie végétale.
	N.	Astronomie mathématique et Mécanique céleste.
	N.	Physique.
Agrégés	MASSON	Sciences physiques.
	PELIGOT	Sciences physiques.
	BERTRAND	Sciences mathématiques.
	J. VIEILLE	Sciences mathématiques.
	DUCHARTRE	Sciences naturelles.
Secrétaire	E. P. REYNIER.	

THÈSE DE MÉCANIQUE.

SUR LES SURFACES ISOTHERMES ET ORTHOGONALES.

Les surfaces isothermes ont été inventées par M. Lamé. Après lui, MM. Duhamel, Bertrand et Bonnet se sont occupés de ce sujet, dont je me propose de reprendre l'étude dans cette Thèse.

I.

Condition pour qu'un système de surfaces soit isotherme.

Dans un corps solide homogène en équilibre de température, on appelle *surfaces isothermes* le lieu des points dont la température est la même.

Soit

$$F(x, y, z) = \lambda$$

l'équation d'un système de surfaces isothermes, λ étant un paramètre variable d'une surface à l'autre : je dis que la température, en tout point du corps, s'obtient au moyen de quadratures. En effet, u étant la température en un point quelconque, comme u et λ doivent être constants ou variables en même temps, on a

$$u = \varphi(\lambda);$$

la forme de la fonction φ se détermine par la condition que u satisfasse à l'équation de Fourier,

$$\frac{d^2u}{dx^2} + \frac{d^2u}{dy^2} + \frac{d^2u}{dz^2} = 0. \tag{1}$$

La substitution donne

$$(2) \qquad \frac{\Delta_2\lambda}{h^2} = -\frac{\frac{d^2u}{d\lambda^2}}{\frac{du}{d\lambda}} = \psi(\lambda),$$

en posant

$$\Delta_2\lambda = \frac{d^2\lambda}{dx^2} + \frac{d^2\lambda}{dy^2} + \frac{d^2\lambda}{dz^2}, \qquad h^2 = \left(\frac{d\lambda}{dx}\right)^2 + \left(\frac{d\lambda}{dy}\right)^2 + \left(\frac{d\lambda}{dz}\right)^2.$$

Les expressions h et $\Delta_2\lambda$ sont appelées, par M. Lamé, *paramètres différentiels du premier et du second ordre.*

Il résulte de là que, pour qu'un système de surfaces au paramètre λ soit isotherme, il faut que l'équation de ces surfaces rende le premier membre de l'équation (2) égal à une fonction de λ, et alors la température se détermine effectivement par des quadratures. Par conséquent, si l'on savait trouver directement les surfaces isothermes pour un corps quelconque, le problème de l'équilibre de température dans les corps solides serait résolu, c'est-à-dire qu'on saurait intégrer d'une manière générale l'équation de Fourier. Mais on ne sait encore déterminer les surfaces isothermes que dans un nombre de cas assez restreint.

II.

Surfaces isothermes cylindriques et coniques.

Dans les surfaces isothermes cylindriques, comme u et λ ne dépendent que des deux coordonnées x et y, toute trace de z disparaît dans les équations (1) et (2), qui sont alors

$$\frac{d^2u}{dx^2} + \frac{d^2u}{dy^2} = 0, \qquad \frac{\frac{d^2\lambda}{dx^2} + \frac{d^2\lambda}{dy^2}}{\left(\frac{d\lambda}{dx}\right)^2 + \left(\frac{d\lambda}{dy}\right)^2} = \psi(\lambda).$$

La dernière équation se transforme dans la suivante en coordonnées polaires,

$$(3) \qquad \frac{r^2\frac{d^2\lambda}{dr^2} + \frac{d^2\lambda}{d\theta^2} + r\frac{d\lambda}{dr}}{r^2\left(\frac{d\lambda}{dr}\right)^2 + \left(\frac{d\lambda}{d\theta}\right)^2} = \psi(\lambda).$$

Faisons maintenant voir que l'étude des surfaces isothermes coniques se ramène à celle des surfaces isothermes cylindriques. Pour cela, transformons l'équation (1) en coordonnées polaires. On pourrait faire cette transformation directement, au moyen des formules connues pour le changement de variables, mais elle s'effectue plus rapidement en opérant de la manière suivante. Après avoir multiplié par $dx\,dy\,dz$ tous les termes de l'équation (1), on obtient des intégrales triples. En intégrant la première par rapport à x, la deuxième par rapport à y, et la troisième par rapport à z, on obtient cette première transformée

$$\iint \omega \frac{du}{dn} = 0; \tag{4}$$

ω représente un petit élément de la surface qui limite un corps de forme quelconque, et $\frac{du}{dn}$ est la composante du flux suivant la normale extérieure à cet élément. Les limites de l'intégrale double s'étendent à toute la surface du corps. On sait qu'on trouve la même relation dans la théorie de l'attraction, quand le point attiré ne fait pas partie de la masse attirante; u désigne alors le potentiel de M. Gauss (*).

Mais l'équation (4) exprime que la quantité de chaleur qui s'accumule dans le petit parallélipipède dont les arêtes sont parallèles aux axes coordonnés, est nulle. Si nous l'appliquons au petit parallélipipède en coordonnées polaires, il vient pour l'équation demandée

$$\frac{d}{dr}\left(r^2 \frac{du}{dr}\right) + \frac{1}{\sin\theta}\frac{d}{d\theta}\left(\sin\theta \frac{du}{d\theta}\right) + \frac{1}{\sin^2\theta}\frac{d^2 u}{d\varphi^2} = 0,$$

r, θ et φ étant les coordonnées polaires ordinaires.

Considérons maintenant une infinité de cônes isothermes de même sommet; nous regarderons comme bases les intersections de ces cônes et de la sphère décrite de leur sommet commun comme centre, avec

(*) Les travaux de M. Chasles, sur la théorie de l'attraction, mettent en évidence de nombreuses analogies entre les surfaces isothermes et les surfaces de niveau. La connaissance de ces dernières donne la valeur de l'attraction, de même que celle des surfaces isothermes donne la température. D'une manière générale, toutes les propriétés dérivant de l'équation de Fourier sont communes aux deux espèces de surfaces.

l'unité de longueur pour rayon. La température étant la même le long d'une même arête d'un cône isotherme ne dépend que des deux angles θ et φ, qui déterminent la direction de cette arête. Par conséquent, la température d'un point quelconque pris sur toute surface isotherme conique, satisfait à l'équation aux différentielles partielles

$$\frac{d}{d\theta}\left(\sin\theta\,\frac{du}{d\theta}\right)+\frac{1}{\sin\theta}\,\frac{d^2u}{d\varphi^2}=0.$$

Posons

$$\frac{d\theta}{\sin\theta}=d\omega,\quad \text{c'est-à-dire}\quad \log\operatorname{tang}\tfrac{1}{2}\theta=\omega,$$

l'équation précédente devient

$$\frac{d^2u}{d\omega^2}+\frac{d^2u}{d\varphi^2}=0.$$

Cette équation est la même que celle qui se rapporte aux surfaces cylindriques. Seulement, les variables indépendantes sont ici la longitude φ, et la variable ω, qui est liée d'une manière simple au complément θ de la latitude. Ainsi, il est prouvé que la même équation régit la loi des températures stationnaires dans les surfaces isothermes cylindriques et coniques. Il est à remarquer que $\frac{d\varphi}{d\omega}$ est le coefficient angulaire d'une courbe isotherme sphérique par rapport à un méridien, de même que $\frac{dy}{dx}$ est le coefficient angulaire d'une courbe plane. Par suite, la condition de perpendicularité et l'angle de deux courbes sphériques isothermes se déterminent comme dans le plan.

Théorème.

Les trajectoires orthogonales d'un système de courbes isothermes planes sont aussi isothermes.

En effet, l'équation aux différences partielles relative aux surfaces cylindriques peut s'écrire

$$\frac{d}{dx}\,\frac{du}{dx}=-\frac{d}{dy}\,\frac{du}{dy},$$

c'est-à-dire qu'on a

$$\frac{du}{dx}dy - \frac{du}{dy}dx = dv.$$

Donc

$$\frac{dv}{dx} = -\frac{du}{dy},$$

$$\frac{dv}{dy} = \frac{du}{dx}.$$

On déduit de là les relations suivantes :

$$\frac{du}{dx}\frac{dv}{dx} + \frac{du}{dy}\frac{dv}{dy} = 0,$$

$$\frac{d^2v}{dx^2} + \frac{d^2v}{dy^2} = 0.$$

Par conséquent, quand on a un système de courbes isothermes

$$u = \text{const.},$$

il en existe un autre,

$$v = \text{const.},$$

orthogonal au premier, et l'on voit, en outre, que ce nouveau système se déduit immédiatement du proposé.

Les relations ci-dessus donnent aussi

$$\left(\frac{du}{dx}\right)^2 + \left(\frac{du}{dy}\right)^2 = \left(\frac{dv}{dx}\right)^2 + \left(\frac{dv}{dy}\right)^2,$$

c'est-à-dire que le flux maximum est le même dans les deux systèmes isothermes.

L'interprétation géométrique de ce dernier résultat est que les deux systèmes de courbes partagent le plan en rectangles semblables, et, par conséquent, en carrés. Car, ε et ε_1 étant les distances de deux couples de courbes infiniment voisines dans les deux systèmes, on a

$$\varepsilon = \frac{du}{\sqrt{\left(\frac{du}{dx}\right)^2 + \left(\frac{du}{dy}\right)^2}},$$

$$\varepsilon_1 = \frac{dv}{\sqrt{\left(\frac{dv}{dx}\right)^2 + \left(\frac{dv}{dy}\right)^2}};$$

d'où

$$\frac{\varepsilon}{\varepsilon_1} = \frac{du}{dv}. \qquad \text{C. Q. F. D.}$$

D'après les analogies que nous avons établies entre les systèmes cylindriques et coniques, le théorème précédent, avec ses conséquences, subsiste pour les courbes isothermes sphériques.

Théorème nouveau sur les courbes isothermes planes.

Les trajectoires quelconques d'un système de courbes isothermes sont aussi isothermes.

Voici comment j'ai été conduit à ce théorème. J'ai eu l'idée de chercher si les trajectoires quelconques des droites, émanant d'un même point, ne seraient pas isothermes, de même que les trajectoires orthogonales. A cet effet, je me suis servi de la condition (3), et j'ai trouvé effectivement que toutes les spirales logarithmiques, ayant même pôle asymptote, étaient isothermes. Il était naturel de rechercher si le théorème était général; je l'ai vérifié dans plusieurs autres cas simples, en sorte que j'étais sûr, ou que le théorème était général, ou que j'étais tombé sur des cas d'exception. Je m'occupais de la démonstration générale, quand M. Puiseux, à qui j'avais parlé de ce théorème, m'a indiqué la suivante, qui est d'une extrême simplicité.

L'équation différentielle des trajectoires coupant sous l'angle α les courbes $u = \text{const.}$, est

$$\frac{\dfrac{dy}{dx} + \dfrac{\frac{du}{dx}}{\frac{du}{dy}}}{1 - \dfrac{dy}{dx}\dfrac{\frac{du}{dx}}{\frac{du}{dy}}} = \text{tang}\,\alpha;$$

elle peut s'écrire ainsi :

$$\frac{du}{dx}dx + \frac{du}{dy}dy + \text{tang}\,\alpha\left(\frac{du}{dx}dy - \frac{du}{dy}dx\right) = 0.$$

Le premier membre est une différentielle exacte, parce qu'on a

$$\frac{d^2 u}{dx^2} + \frac{d^2 u}{dy^2} = 0.$$

En désignant par v le système orthogonal, il vient

$$d.u + \tang \alpha\, d.v = 0,$$

et, par suite, l'équation finie des trajectoires quelconques est

$$u + \tang \alpha . v = \text{const.}$$

Comme v se déduit aisément de u, on pourra, dans tous les cas, déterminer les trajectoires quelconques d'un système isotherme donné.

Pour prouver que ces trajectoires sont isothermes, représentons par dv_1 le premier membre de l'équation différentielle; il en résulte

$$\frac{dv_1}{dx} = \frac{du}{dx} - \tang \alpha \frac{du}{dy},$$

$$\frac{dv_1}{dy} = \frac{du}{dy} + \tang \alpha \frac{du}{dx}.$$

Ces relations donnent

$$\frac{d^2 v_1}{dx^2} + \frac{d^2 v_1}{dy^2} = \frac{d^2 u}{dx^2} + \frac{d^2 u}{dy^2} = 0. \qquad \text{C. Q. F. D.}$$

Le théorème se trouve démontré immédiatement, en remarquant que u et v étant deux intégrales de l'équation linéaire qui exprime l'équilibre de la chaleur, la somme de ces intégrales, multipliées respectivement par des constantes, est aussi une intégrale.

Le théorème en question double le nombre des systèmes isothermes connus; il a, en outre, une importance géométrique que je vais signaler en quelques mots. Le problème des trajectoires, comme on sait, a eu beaucoup de célébrité au temps des Bernoulli. Mais, malgré les efforts qu'on a faits, il est loin d'être résolu d'une manière générale. En effet, si l'on excepte le cas des trajectoires orthogonales, on ne peut presque jamais intégrer l'équation différentielle du premier ordre à laquelle conduit la méthode ordinaire. Le théorème de physique mathématique, que nous venons de démontrer, donne la solution complète de cette question, dans le cas particulier où les courbes données sont isothermes. En traitant ces mêmes questions par la méthode ordinaire, rien ne sera plus aisé que de trouver le facteur propre à rendre différentielle exacte le premier membre de l'équation à laquelle on arrive.

Tout ce qui précède est vrai pour les courbes sphériques isothermes. Seulement, sur la sphère il y a plus de généralité que dans le plan, car toutes les questions sur les systèmes de courbes sphériques sont doubles.

III.

Systèmes isothermes qu'on peut former avec un système donné.

La question à résoudre est celle-ci : Un système isotherme u étant donné, trouver les systèmes isothermes qui peuvent en dériver.

Comme le système orthogonal v se déduit immédiatement du système u, on connaît en réalité deux systèmes. Soit un troisième système quelconque w; je dis que w est fonction de u et v.

En effet, par chaque point du plan passe une courbe de chacun des trois systèmes; si donc on élimine les coordonnées de ce point entre les trois relations qu'elles fournissent, il reste bien une relation entre u, v et w. Ainsi l'on a

$$w = \varphi(u, v).$$

La question est maintenant ramenée à déterminer la forme de la fonction φ, par la condition qu'on ait

$$\frac{d^2\varphi}{dx^2} + \frac{d^2\varphi}{dy^2} = 0.$$

Pour effectuer le changement de variables, on a

$$\frac{dw}{dx} = \frac{d\varphi}{du}\frac{du}{dx} + \frac{d\varphi}{dv}\frac{dv}{dx}, \qquad \frac{dw}{dy} = \frac{d\varphi}{du}\frac{du}{dy} + \frac{d\varphi}{dv}\frac{dv}{dy},$$

$$\frac{d^2w}{dx^2} = \frac{d^2\varphi}{du^2}\left(\frac{du}{dx}\right)^2 + 2\frac{d^2\varphi}{du\,dv}\frac{du}{dx}\frac{dv}{dx} + \frac{d^2\varphi}{dv^2}\left(\frac{dv}{dx}\right)^2 + \frac{d\varphi}{du}\frac{d^2u}{dx^2} + \frac{d\varphi}{dv}\frac{d^2v}{dx^2},$$

$$\frac{d^2w}{dy^2} = \frac{d^2\varphi}{du^2}\left(\frac{du}{dy}\right)^2 + 2\frac{d^2\varphi}{du\,dv}\frac{du}{dy}\frac{dv}{dy} + \frac{d^2\varphi}{dv^2}\left(\frac{dv}{dy}\right)^2 + \frac{d\varphi}{du}\frac{d^2u}{dy^2} + \frac{d\varphi}{dv}\frac{d^2v}{dy^2}.$$

Ajoutant les deux dernières expressions, la fonction φ, toutes réductions faites, se trouve déterminée par l'équation linéaire aux différentielles partielles

$$\frac{d^2\varphi}{du^2}+\frac{d^2\varphi}{dv^2}=0,$$

dont l'intégrale générale est, comme on sait,

$$w=\mathrm{F}(u\pm v\sqrt{-1}).$$

On conclut de là que si, dans les équations d'un système isotherme donné et de son orthogonal, on remplace les coordonnées par les températures correspondantes, on obtient deux nouveaux systèmes isothermes et orthogonaux. Ces deux derniers donnent naissance à deux autres, et ainsi de suite indéfiniment. Ce que nous venons de dire s'applique également aux systèmes plans et sphériques.

IV.

Systèmes circulaires isothermes dans le plan.

L'équation générale du cercle est

$$(x-\alpha)^2+(y-\beta)^2=\lambda^2,$$

α, β et λ étant trois paramètres variables. Pour trouver tous les systèmes de cercles isothermes, nous allons faire varier ces paramètres de toutes les manières possibles, c'est-à-dire un à un, deux à deux, et enfin tous les trois. Nous avons donc à passer en revue les cinq cas suivants :

1°. λ *varie seul.*

Nous considérons ainsi les cercles concentriques; on peut supposer nuls les deux paramètres qui restent constants. On trouve presque sans calcul

$$h^2=1,\quad \Delta_2\lambda=\lambda;$$

donc les cercles concentriques sont isothermes. Les rayons et les spirales logarithmiques ayant pour pôle le centre commun des cercles, sont aussi isothermes. Nous retrouvons là des résultats connus.

2°. *α varie seul.*

En posant $\beta = 0$, nous examinons les cercles de rayon constant, et dont les centres se trouvent sur une droite quelconque, qui est prise ici pour axe des abscisses. L'équation

$$(x-\alpha)^2 + y^2 = \lambda^2$$

de ces cercles donne

$$\frac{\Delta_2 \lambda}{h^2} = \frac{1}{x-\alpha},$$

et comme $x - \alpha$ ne se réduit pas à une fonction de α d'après l'équation des cercles, il s'ensuit que l'isothermie n'a pas lieu pour les cercles en question.

3°. *α et β varient simultanément.*

Nous allons chercher si, parmi les systèmes de cercles de rayon constant, il y en a d'isothermes. Cela revient à déterminer β en fonction de α, c'est-à-dire à trouver le lieu des centres. L'équation de ces cercles donne

$$h^2 = \frac{\lambda^2}{[x-\alpha+(y-\beta)\beta']^2},$$

$$\Delta_2 \alpha = \frac{\left[\left(\frac{d\alpha}{dx}\right)^2 + \left(\frac{d\alpha}{dy}\right)^2\right][1+\beta'^2-(y-\beta)\beta'']}{x-\alpha+(y-\beta)\beta'}.$$

On doit donc avoir

$$\frac{1+\beta'^2-(y-\beta)\beta''}{x-\alpha+(y-\beta)\beta'} = \psi(\alpha);$$

or l'équation des cercles fournit

$$x - \alpha = \sqrt{\lambda^2 - (y-\beta)^2}.$$

Substituant cette valeur, élevant au carré pour faire disparaître le radical, et exprimant que l'équation résultante a lieu quel que soit y, on obtient les trois équations suivantes pour déterminer les deux inconnues β et ψ en fonction de α,

$$(\beta'' + \psi\beta')^2 + \psi^2 = 0,$$
$$(1 + \beta'^2)(\beta'' + \psi\beta') = 0,$$
$$(1 + \beta'^2)^2 - \psi^2\lambda^2 = 0.$$

La deuxième de ces équations peut être vérifiée de deux manières; mais, dans les deux cas, on arrive à l'équation

$$\beta'^2 + 1 = 0,$$

et, par conséquent, β est imaginaire; donc les cercles de rayon constant ne forment aucun système isotherme.

4°. β et λ varient ensemble.

Les cercles considérés sont les cercles de rayon variable dont les centres se trouvent sur une droite que nous prendrons pour axe des ordonnées, ce qui revient à supposer α nul. Il vient

$$h^2 = \frac{\lambda^2}{[\lambda + (y - \beta)\beta']^2},$$
$$\Delta_2\lambda = \frac{2\lambda\beta(y - \beta) + \lambda^2[1 + \beta'^2 - (y - \beta)\beta'']}{[\lambda + (y - \beta)\beta']^3}.$$

Par suite, l'équation

$$(y - \beta)(2\beta' - \lambda\beta'' - \lambda\psi\beta') + \lambda(1 + \beta'^2 - \lambda\psi) = 0$$

devant avoir lieu pour toutes les valeurs possibles de y, se dédouble dans les deux suivantes,

$$2\beta' - \lambda\beta'' - \lambda\psi\beta' = 0,$$
$$1 + \beta'^2 - \lambda\psi = 0.$$

L'élimination de ψ donne l'équation différentielle suivante entre β et λ,

$$\lambda\beta'' + \beta'^3 - \beta' = 0.$$

Abandonnant la notation de Lagrange, et prenant les notations ordinaires, cette équation s'écrit

$$\lambda \frac{d^2 \beta}{d\lambda^2} + \left(\frac{d\beta}{d\lambda}\right)^3 - \frac{d\beta}{d\lambda} = 0.$$

En posant $\frac{d\beta}{d\lambda} = p$, les variables se séparent, et il vient

$$\frac{d\lambda}{\lambda} = \frac{dp}{p(1-p^2)};$$

l'intégration donne

$$\lambda = \frac{Ap}{\sqrt{p^2-1}},$$

A étant une constante arbitraire.

Par suite,

$$p \text{ ou } \frac{d\beta}{d\lambda} = \frac{\lambda}{\sqrt{\lambda^2 - A^2}},$$

d'où

$$\beta = \sqrt{\lambda^2 - A^2}.$$

On peut supposer nulle la nouvelle constante, car cela revient à déplacer l'origine sur l'axe des ordonnées. Le résultat obtenu, interprété géométriquement, apprend que les cercles passant par deux points sont isothermes; l'origine des coordonnées est au milieu de la droite joignant les deux points, et la constante A est la moitié de la longueur de cette droite.

Si $A = 0$, on a les cercles tangents à une droite en un point donné.

5°. *α, β et λ varient ensemble.*

Il s'agit de déterminer α et β en fonction de λ. L'équation générale du cercle donne, en regardant α et β comme fonction de λ,

$$h^2 = \frac{\lambda^2}{[(x-\alpha)\alpha' + (y-\beta)\beta' + \lambda]^2},$$

$$\Delta_2 \lambda = \frac{2\lambda[(x-\alpha)\alpha' + (y-\beta)\beta' + \lambda] + \lambda^2[\alpha'^2 + \beta'^2 - 1 - (x-\alpha)\alpha'' - (y-\beta)\beta'']}{[(x-\alpha)\alpha' + (y-\beta)\beta' + \lambda]^3}.$$

Le rapport de ces deux quantités, égalé à une fonction $\psi(\lambda)$, donne

$$(x-\alpha)(2\alpha' - \lambda\alpha'' - \lambda\psi\alpha') = (y-\beta)(\lambda\psi\beta' - 2\beta' + \lambda\beta'') + \lambda^2\psi - \lambda(\alpha'^2 + \beta'^2 + 1).$$

En tenant compte de l'équation générale des cercles, cette équation doit avoir lieu pour toutes les valeurs possibles de x et y. Éliminant $x - \alpha$ au moyen de l'équation des cercles, puis élevant au carré et annulant les coefficients de $y - \beta$, on obtient les trois équations

$$(2\alpha' - \lambda\alpha'' - \lambda\psi\alpha')^2 + (\lambda\psi\beta' - 2\beta' + \lambda\beta'')^2 = 0,$$
$$(\lambda\psi\beta' - 2\beta' + \lambda\beta'')(\lambda\psi - \alpha'^2 - \beta'^2 - 1) = 0,$$
$$(2\alpha' - \lambda\alpha'' - \lambda\psi\alpha')^2 - (\lambda\psi - \alpha'^2 - \beta'^2 - 1)^2 = 0.$$

La deuxième équation peut être satisfaite de deux manières; dans les deux cas, on a à résoudre les trois équations

$$\lambda\psi\beta' - 2\beta' + \lambda\beta'' = 0,$$
$$2\alpha' - \lambda\alpha'' - \lambda\psi\alpha' = 0,$$
$$\lambda\psi - \alpha'^2 - \beta'^2 - 1 = 0.$$

Par l'élimination de ψ, on a le système des deux équations simultanées pour déterminer α et β,

$$\alpha'\beta'' - \beta'\alpha'' = 0,$$
$$\lambda\beta'' - \beta' + \alpha'^2\beta' + \beta'^3 = 0.$$

La première s'écrit

$$\frac{\alpha''}{\alpha'} = \frac{\beta''}{\beta'},$$

d'où

$$\alpha = A\beta + B,$$

A et B étant deux constantes arbitraires. Ce résultat nous montre que le lieu des centres de tous les systèmes circulaires isothermes est une ligne droite. Si l'on prend cette droite pour axe des Y, ce qui revient à faire $B = 0$, $A = 0$, comme alors $\alpha' = 0$, la deuxième équation coïncide avec celle qui nous a déjà donné les cercles passant par deux points. Ainsi, dans le cas général, on ne trouve que les cercles passant par deux points, et comme nous verrons plus tard que les trajectoires orthogonales de ces derniers sont des cercles, on a comme corollaire de l'analyse précédente le théorème suivant :

THÉORÈME.

Les seuls systèmes circulaires doubles à la fois, isothermes et orthogonaux, sont les cercles passant par deux points, et leurs trajectoires orthogonales.

V.

Systèmes circulaires isothermes sur la sphère.

Nous déterminerons la position d'un point quelconque sur la sphère, au moyen de sa longitude φ et du complément θ de sa latitude. D'après cela, si φ, θ sont les coordonnées d'un point, φ_1, θ_1 les coordonnées d'un autre point, et λ la distance de ces deux points, la formule fondamentale de la trigonométrie sphérique donne

$$\cos\lambda = \cos\theta\cos\theta_1 + \sin\theta\sin\theta_1\cos(\varphi - \varphi_1).$$

Cette équation peut être regardée comme l'équation d'un cercle quelconque de la sphère, en considérant φ_1, θ_1 comme les coordonnées du pôle, φ, θ comme les coordonnées d'un point quelconque, et λ comme la distance polaire. Nous avons ainsi trois paramètres variables φ_1, θ_1 et λ. Pour trouver tous les systèmes circulaires isothermes, il faut faire varier ces paramètres un à un, deux à deux, et enfin tous les trois ensemble, ce qui fournit six cas différents. Par exemple, supposons que λ varie seul; on a à considérer alors les cercles de même pôle. Comme les paramètres θ_1 et φ_1 sont constants, on peut les supposer nuls, et l'équation des cercles de même pôle se réduit à

$$\cos\lambda = \cos\theta,$$

ou encore plus simplement à

$$\theta = \lambda.$$

Pour que ces cercles soient isothermes, il faut qu'en tenant compte de leur équation, on ait

$$\frac{\frac{d^2\lambda}{d\omega^2} + \frac{d^2\lambda}{d\varphi^2}}{\left(\frac{d\lambda}{d\omega}\right)^2 + \left(\frac{d\lambda}{d\varphi}\right)^2} = \psi(\lambda).$$

Pour calculer les dérivées de ce rapport, on se rappellera que θ et ω sont liés par la relation

$$\frac{d\theta}{d\omega} = \sin\theta.$$

Dans le cas actuel, on trouve immédiatement

$$\frac{d\lambda}{d\omega} = \sin\theta, \quad \frac{d^2\lambda}{d\omega^2} = \sin\theta\cos\theta,$$

$$\frac{d\lambda}{d\varphi} = 0, \quad \frac{d^2\lambda}{d\varphi^2} = 0;$$

donc on a

$$\psi(\lambda) = \text{cotang}\,\lambda.$$

Par conséquent, les cercles de même pôle sont isothermes, et, par suite, aussi les méridiens et la loxodromie sphérique.

Nous nous dispenserons de considérer ici les cinq autres cas; ils se résolvent de la même manière que leurs analogues dans le plan. D'ailleurs, le résultat est le même, car il n'y a de cercles sphériques isothermes que ceux qui ont même pôle, et ceux qui passent par deux points donnés. La méthode que nous avons appliquée tant de fois, résoudra sans difficulté ces diverses questions.

VI.

Systèmes isothermes formés par les courbes du deuxième degré concentriques, et ayant les axes dans la même direction.

L'équation de ces courbes est

$$\alpha x^2 + \beta y^2 = 1;$$

il faut déterminer β en fonction de α d'après la condition connue de l'isothermie. L'équation ci-dessus donne

$$h^2 = \frac{4(\alpha^2 x^2 + \beta^2 y^2)}{(x^2 + \beta' y^2)^2},$$

$$\Delta_2 \alpha = -\frac{2(\alpha + \beta)(x^2 + \beta' y^2)^2 - 8(\alpha x^2 + \beta\beta' y^2)(x^2 + \beta' y^2) + 4\beta'' y^2(\alpha^2 x^2 + \beta^2 y^2)}{(x^2 + \beta' y^2)^3}.$$

Par suite, l'équation de condition devient

$$(\alpha+\beta)(x^2+\beta' y^2)^2-4(\alpha x^2+\beta\beta' y^2)(x^2+\beta' y^2)+2\beta'' y^2(\alpha^2 x^2+\beta^2 y^2)$$
$$+2\psi(\alpha^2 x^2+\beta^2 y^2)(x^2+\beta' y^2)=0.$$

Éliminant x^2 au moyen de l'équation des courbes proposées, puis annulant les coefficients de y^4, de y^2 et le terme indépendant, on obtient les trois équations suivantes, entre les deux inconnues β et ψ :

$$(\alpha+\beta)(\beta-\alpha\beta')^2-4\alpha\beta(1-\beta')(\beta-\alpha\beta')-2\alpha^2\beta\beta''(\alpha-\beta)$$
$$+2\psi\alpha\beta(\alpha-\beta)(\beta-\alpha\beta')=0,$$
$$(\alpha+\beta)(\beta-\alpha\beta')-2\alpha(2\beta-\alpha\beta'-\beta\beta')-\alpha^3\beta''+\alpha\psi(2\alpha\beta-\alpha^2\beta'-\beta^2)=0,$$
$$\beta-3\alpha+2\alpha^2\psi=0.$$

Substituant dans les deux premières la valeur de ψ tirée de la troisième, il vient

$$(\beta-\alpha\beta')(3\alpha^2\beta\beta'-\alpha^3\beta'-3\alpha\beta^2+\beta^3)-2\alpha^3\beta(\alpha-\beta)\beta''=0,$$
$$3\alpha^2\beta\beta'-\alpha^3\beta'-3\alpha\beta^2+\beta^3-2\alpha^4\beta''=0.$$

La question est ainsi ramenée à chercher tous les systèmes de valeurs de β en fonction de α qui satisfont à la fois à ces deux équations. Ces deux équations fournissent aisément la suivante,

$$2\alpha^3\beta''(\beta^2-\alpha^2\beta')=0,$$

qui servira à remplacer l'une d'elles, la première par exemple. Or cette dernière peut être vérifiée de deux manières; l'une de ces manières,

$$\beta^2-\alpha^2\beta'=0,$$

donne

$$\frac{1}{\alpha}-\frac{1}{\beta}=\text{const.},$$

ce qui correspond aux coniques homofocales. Ce résultat répond bien à la question, car l'autre équation se trouve satisfaite. En posant

$$\frac{1}{\alpha}=\lambda^2,$$

il vient

$$\frac{1}{\beta}=\lambda^2-b^2,$$

b étant une constante; et, par suite, les équations des coniques isothermes satisfaisant à la question, sont

$$\frac{x^2}{\lambda^2} + \frac{y^2}{\lambda^2 - b^2} = 1, \quad \text{où} \quad \lambda > b,$$

$$\frac{x^2}{\mu^2} - \frac{y^2}{b^2 - \mu^2} = 1, \quad \text{où} \quad \mu < b.$$

La seconde manière de satisfaire à l'équation ci-dessus est

$$\beta'' = 0,$$

ce qui donne

$$\beta = A\alpha + B,$$

A et B étant deux constantes. Pour savoir si ce résultat convient à la question, quelles que soient les constantes, on le substitue dans la seconde équation, qui s'écrit

$$A\alpha^3(A^2 - 1) + 3AB\alpha^2(A - 1) + 3B^2\alpha(A - 1) + B^3 = 0.$$

Or, pour que cette équation ait lieu quel que soit α, on doit avoir

$$B = 0, \quad A = 1,$$

et, par conséquent, on a $\beta = \alpha$, ce qui donne le cas connu des cercles concentriques. Ainsi les lignes isothermes demandées sont les coniques homofocales et les cercles concentriques.

VII.

Trajectoires quelconques de quelques systèmes de courbes.

Problème I.

Trouver une courbe coupant, sous un angle constant, tous les cercles passant par deux points donnés.

En prenant pour origine le milieu de la droite joignant les deux points, appelant a la moitié de la longueur de cette droite, et λ l'ordonnée variable des centres, l'équation générale de ces cercles est

$$\lambda = \frac{x^2 + y^2 - a^2}{2y}.$$

Nous avons vu que l'équation finie des trajectoires sous l'angle α d'un système de courbes isothermes est

$$u + \operatorname{tang} \alpha . v = \text{const.},$$

u et v étant les températures relatives aux courbes données et aux trajectoires orthogonales. Dans le cas actuel, on trouve

$$\frac{\frac{d^2 u}{d\lambda^2}}{\frac{du}{d\lambda}} = -\frac{2\lambda}{a^2 + \lambda^2},$$

d'où

$$u = k \operatorname{arc\,tang} \frac{\lambda}{a} = k \operatorname{arc\,tang} \frac{x^2 + y^2 - a^2}{2ay},$$

k étant une constante arbitraire.

Pour calculer v, on a

$$dv = \frac{du}{dx} dy - \frac{du}{dy} dx = 2ak \left[\frac{2xy\, dy}{4a^2y^2 + (x^2 + y^2 - a^2)^2} - \frac{(y^2 - x^2 + a^2)\, dx}{4a^2y^2 + (x^2 + y^2 - a^2)^2} \right].$$

Pour effectuer l'intégration, on regarde x comme constant; il vient

$$v = k \log \sqrt{\frac{y^2 + (x + a)^2}{y^2 + (x - a)^2}}.$$

L'équation des trajectoires cherchées est donc

$$\operatorname{arc\,tang} \frac{x^2 + y^2 - a^2}{2ay} + \operatorname{tang} \alpha \log \sqrt{\frac{y^2 + (x + a)^2}{y^2 + (x - a)^2}} = \text{const.};$$

elle peut s'écrire

$$\sqrt{\frac{y^2 + (x + a)^2}{y^2 + (x - a)^2}} = A e^{\frac{1}{\operatorname{tang} \alpha} \operatorname{arc\,tang} \frac{2ay}{x^2 + y^2 - a^2}}.$$

La simple inspection de cette équation montre qu'elle peut se mettre sous la forme remarquable

$$\frac{r}{r'} = \mathrm{A}e^{\frac{\theta}{\tang \alpha}},$$

r et r' étant les rayons vecteurs joignant un point quelconque de ces courbes aux deux pôles, et θ l'angle de ces rayons. Ainsi, ces courbes jouissent de la propriété que le logarithme népérien du rapport des rayons vecteurs varie proportionnellement à leur angle.

En faisant $\tang \alpha = \infty$, on obtient, pour l'équation des trajectoires orthogonales,

$$\frac{r}{r'} = \mathrm{A}.$$

Ce sont des cercles dont les centres sont sur les prolongements de la ligne joignant les deux points donnés, et dont les rayons sont des moyennes proportionnelles entre les distances de ces centres aux deux points fixes.

Si les deux points viennent à coïncider, l'équation obtenue est illusoire. Alors on demande les trajectoires quelconques des cercles tangents à une droite donnée, en un point donné. On reconnaît aisément que ces courbes sont tous les cercles tangents au point donné, à la droite faisant avec la droite donnée l'angle constant.

Traitant le cas général par la méthode ordinaire du calcul intégral, on arrive à l'équation différentielle

$$(x^2 - y^2 - a^2)dy - 2xydx + \tang \alpha[(y^2 - x^2 + a^2)dx - 2xydy] = 0.$$

Cette équation ne paraît pas commode à intégrer. Mais, d'après ce qui précède, on voit de suite que le facteur propre à rendre le premier membre une différentielle exacte est

$$\frac{2a}{4a^2y^2 + (x^2 + y^2 - a^2)^2}.$$

Problème II.

Trouver une courbe qui coupe, sous un angle constant, tous les cercles sphériques passant par deux points donnés.

Prenons pour origine des longitudes le milieu de l'arc de grand cercle intercepté entre les deux points fixes. Le lieu des pôles de tous les cercles considérés, est le grand cercle mené perpendiculairement par ce point milieu au grand cercle passant par les deux points. Pour obtenir l'équation générale des cercles, remarquons qu'en appelant φ_1 la longitude absolue des deux points donnés, et θ_1 le complément de la latitude du pôle d'un quelconque des cercles, on a, pour la distance de ce pôle à chacun des points fixes,

$$\cos\varphi_1 \sin\theta_1.$$

Mais cette distance doit être égale à la distance du même pôle à un point quelconque du cercle correspondant, laquelle est

$$\cos\theta\cos\theta_1 + \sin\theta\sin\theta_1\cos\varphi;$$

l'équation demandée est donc

$$\text{cotang}\,\theta_1 \quad \text{ou} \quad \lambda = \frac{\cos\varphi_1 - \sin\theta\cos\varphi}{\cos\theta}.$$

La méthode connue donne

$$\psi(\lambda) = \frac{2\lambda}{\sin^2\varphi_1 + \lambda^2},$$

d'où

$$u = k \text{ arc tang } \frac{\lambda}{\sin\varphi_1} = k \text{ arc tang } \frac{\cos\varphi_1 - \sin\theta\cos\varphi}{\cos\theta\sin\varphi_1}.$$

Mais

$$v = \int\left(\frac{du}{d\omega}d\varphi - \frac{du}{d\varphi}d\omega\right).$$

Or

$$\frac{du}{d\omega} = \frac{k\sin\theta(-\sin\varphi_1\cos\varphi + \sin\varphi_1\cos\varphi_1\sin\theta)}{\sin^2\varphi_1\cos^2\theta + (\cos\varphi_1 - \sin\theta\cos\varphi)^2},$$

$$\frac{du}{d\varphi} = \frac{k\sin\varphi_1\sin\varphi\sin\theta\cos\theta}{\sin^2\varphi_1\cos^2\theta + (\cos\varphi_1 - \sin\theta\cos\varphi)^2};$$

donc

$$v = k\int\frac{\sin\theta(-\sin\varphi_1\cos\varphi + \sin\varphi_1\cos\varphi_1\sin\theta)}{\sin^2\varphi_1\cos^2\theta + (\cos\varphi_1 - \sin\theta\cos\varphi)^2}d\varphi$$
$$- k\int\frac{\sin\varphi_1\sin\varphi\sin\theta\cos\theta\, d\theta}{\sin^2\varphi_1\cos^2\theta + (\cos\varphi_1 - \sin\theta\cos\varphi)^2}.$$

Faisant varier seulement θ, et posant $\sin\theta = x$, la seconde intégrale prend la forme

$$-k\frac{\sin\varphi_1 \sin\varphi}{\cos^2\varphi - \sin^2\varphi_1}\int\frac{dx}{\left(x - \frac{\cos\varphi_1 \cos\varphi}{\cos^2\varphi - \sin^2\varphi_1}\right)^2 - \frac{\sin^2\varphi_1 \sin^2\varphi}{(\cos^2\varphi - \sin^2\varphi_1)^2}}.$$

Posons, pour simplifier,

$$a = \frac{\cos\varphi_1 \cos\varphi}{\cos^2\varphi - \sin^2\varphi_1}, \quad b = \frac{\sin^2\varphi_1 \sin^2\varphi}{(\cos^2\varphi - \sin^2\varphi_1)^2},$$

il vient

$$\frac{-k\sin\varphi_1 \sin\varphi}{\cos^2\varphi - \sin^2\varphi_1}\int\frac{dx}{(x-a)^2 - b} = \frac{k\sin\varphi_1 \sin\varphi}{\cos^2\varphi - \sin^2\varphi_1}\cdot\frac{1}{2\sqrt{b}}\log\frac{x - a - \sqrt{b}}{x - a + \sqrt{b}}.$$

Remettant pour a, b et x leurs valeurs, on a enfin

$$\upsilon = -\frac{k}{2}\log\frac{\sin\theta(\cos^2\varphi - \sin^2\varphi_1) - \cos(\varphi - \varphi_1)}{\sin\theta(\cos^2\varphi - \sin^2\varphi_1) - \cos(\varphi + \varphi_1)};$$

on a donc pour l'équation des trajectoires demandées,

$$\sqrt{\frac{\sin\theta(\cos^2\varphi - \sin^2\varphi_1) - \cos(\varphi - \varphi_1)}{\sin\theta(\cos^2\varphi - \sin^2\varphi_1) - \cos(\varphi + \varphi_1)}} = A\,e^{\frac{1}{\operatorname{tang}\alpha}\operatorname{arc\,tang}\frac{\cos\varphi_1 - \sin\theta\cos\varphi}{\sin\varphi_1\cos\theta}}$$

Cette équation est susceptible de prendre une forme plus simple; d'abord l'exponentielle, en vertu de l'équation générale des cercles, peut s'écrire ainsi,

$$e^{\frac{\upsilon}{\operatorname{tang}\alpha}},$$

υ étant un angle donné par l'équation

$$\frac{\cot\theta_1}{\sin\varphi_1} = \operatorname{tang}\upsilon.$$

La quantité sous le radical se simplifie aussi en remplaçant les coordonnées φ et θ par les coordonnées bipolaires ε et ε_1. On a les relations

$$\cos\varepsilon = \sin\theta\cos(\varphi - \varphi_1),$$
$$\cos\varepsilon_1 = \sin\theta\cos(\varphi + \varphi_1).$$

Exprimant φ et θ au moyen de ε et ε_1, l'équation simplifiée est

$$\frac{\cos \varepsilon}{\sin \frac{1}{2}\varepsilon} : \frac{\cos \varepsilon_1}{\sin \frac{1}{2}\varepsilon_1} = A e^{\frac{2v}{\tang \alpha}}.$$

En faisant $\tang \alpha = \infty$, on obtient les trajectoires orthogonales. On voit directement que ce sont les cercles dont les pôles sont tous les points des prolongements du grand cercle passant par les deux points donnés. Ces cercles jouissent de la propriété que les tangentes des demi-distances polaires sont des moyennes géométriques entre les tangentes des moitiés des arcs de grand cercle compris entre chaque pôle et les deux points fixes. Si, par un quelconque de ces pôles, on mène des tangentes géodésiques à tous les cercles passant par les deux points, comme ces tangentes sont égales, il résulte du théorème de M. Gauss sur les lignes géodésiques égales émanant d'un point quelconque d'une surface, que le lieu des points de contact est une trajectoire orthogonale de la série des cercles.

Problème III.

Trouver les trajectoires quelconques des ellipses et des hyperboles homofocales.

L'équation générale des ellipses homofocales donne

$$\psi(\lambda) = \frac{\lambda}{\lambda^2 - b^2},$$

d'où

$$u = \log(\lambda + \sqrt{\lambda^2 - b^2}).$$

Pour les trajectoires orthogonales, c'est-à-dire pour les hyperboles homofocales, le calcul précédent donne

$$v = \arc \sin \frac{\mu}{b};$$

l'équation des trajectoires quelconques est donc

$$\log(\lambda + \sqrt{\lambda^2 - b^2}) + \tang \alpha . \arc \sin \frac{\mu}{b} = \text{const.}$$

La théorie des coordonnées elliptiques conduit immédiatement à la même équation. En effet, appelant ds_1 et ds_2 les côtés adjacents des rectangles semblables formés par les ellipses et les hyperboles homofocales, on a pour l'équation différentielle des trajectoires quelconques,

$$ds_1 = \operatorname{tang}\alpha . ds_2;$$

or

$$ds_1 = d\lambda \sqrt{\frac{\lambda^2-\mu^2}{\lambda^2-b^2}}, \quad ds_2 = d\mu \sqrt{\frac{\lambda^2-\mu^2}{b^2-\mu^2}}.$$

La substitution donne

$$\frac{d\lambda}{\sqrt{\lambda^2-b^2}} = \operatorname{tang}\alpha . \frac{d\mu}{\sqrt{b^2-\mu^2}}.$$

En intégrant, on retombe sur l'équation déjà obtenue.

Je terminerai là ces applications.

VIII.

Systèmes sphériques isothermes.

Proposons-nous maintenant de trouver tous les systèmes de sphères isothermes. J'ai été conduit à m'occuper de cette question, après que j'ai eu vérifié que les sphères passant par trois points ne sont pas isothermes. Comme les cercles passant par deux points sont isothermes, l'analogie semblait indiquer que les sphères ayant un cercle commun le sont aussi; mais cela n'est pas.

L'équation générale de la sphère est

$$(x-\alpha)^2 + (y-\beta)^2 + (z-\gamma)^2 = \lambda^2;$$

α, β, γ et λ sont quatre paramètres arbitraires. En faisant varier ces paramètres de toutes les manières possibles, on a sept cas à considérer :

1°. λ *seul paramètre variable.*

Dans ce cas,

$$\psi(\lambda) = \frac{2}{\lambda},$$

et, par conséquent, les sphères concentriques sont isothermes. L'examen des six autres cas va nous prouver que ce système est le seul.

2°. *α varie seul.*

En supposant, pour plus de simplicité, $\beta = 0$, $\gamma = 0$, on vérifie sans peine que la fonction ψ ne devient point une fonction du paramètre variable α, et, par suite, les sphères de rayon constant, dont le lieu des centres est une droite quelconque, ne sont point isothermes.

3°. *γ et λ paramètres variables.*

On pose $\alpha = 0$, $\beta = 0$, et alors l'équation

$$x^2 + y^2 + (z - \gamma)^2 = \lambda^2$$

représente le système des sphères de rayon variable, dont les centres sont sur l'axe des z; les sphères passant par trois points appartiennent à ce système. Si l'on forme l'équation de l'isothermie pour déterminer γ en fonction de λ, on trouve, tout calcul fait,

$$\gamma' = 0, \quad \psi = \frac{2}{\lambda},$$

et l'on retombe ainsi sur les sphères concentriques.

4°. *α et β paramètres variables.*

Posant $\gamma = 0$, on demande quel doit être, sur le plan XY, le lieu des centres des sphères de rayon constant pour qu'il y ait isothermie. Développant la méthode ordinaire, β ne peut pas être déterminé en fonction de α d'une manière réelle. Donc, etc.

5°. *α, β, γ paramètres variables.*

Ici il s'agit de tous les systèmes de sphères de rayon constant, et l'inconnue est la courbe directrice des centres dans l'espace, c'est-à-dire l'expression de α et de β en fonction de γ. En prenant, pour plus de simplicité, le rayon égal à l'unité de longueur, on arrive finalement aux deux équations

$$\alpha'^2 + 1 = 0, \quad \beta'^2 + 1 = 0;$$

ce qui prouve que les sphères de rayon constant ne forment aucun système isotherme.

6°. α, β, λ *paramètres variables.*

Si $\gamma = 0$, le système considéré se compose des sphères de rayon variable dont la courbe des centres est assujettie à se trouver sur le plan XY. La condition de l'isothermie conduit aux deux équations suivantes, pour déterminer α et β en fonction de λ,

$$\alpha' = 0, \quad \beta' = 0,$$

et, par conséquent, α et β sont constants, c'est-à-dire qu'on a des sphères concentriques.

7°. α, β, γ, λ *varient ensemble.*

Il faut connaître les trois paramètres α, β, γ en fonction de λ.

La condition de l'isothermie est très-longue à former dans ce cas; si l'on en élimine z au moyen de l'équation générale des sphères, qu'on élève ensuite l'équation résultante au carré pour faire évanouir le radical, et qu'on annule enfin les coefficients des diverses puissances de x et y, il vient, pour déterminer les trois coordonnées du centre en fonction du rayon,

$$\alpha' = 0, \quad \beta' = 0, \quad \gamma' = 0.$$

Ainsi, dans le cas général, on retrouve les sphères de même centre.

Conclusions.

En résumé, les résultats nouveaux qui se trouvent dans les paragraphes qui précèdent, sont les suivants :

1°. Les trajectoires quelconques d'un système de lignes isothermes sont isothermes.

2°. Ce théorème de physique mathématique sert à résoudre complétement le problème des trajectoires quelconques, pour les systèmes de lignes isothermes.

3°. Les seuls systèmes circulaires isothermes, tant dans le plan que sur la sphère, sont les cercles concentriques ou de même pôle, et les cercles passant par deux points.

4°. Les seuls systèmes circulaires doubles, à la fois isothermes et orthogonaux, soit dans le plan ou sur la sphère, sont les cercles passant par deux points et les cercles orthogonaux.

5°. Il n'y a, parmi les systèmes sphériques, que celui des sphères concentriques qui soit isotherme.

6°. Un système de lignes isothermes donne naissance à une infinité d'autres systèmes isothermes. En remplaçant, dans les équations du système donné et du système orthogonal, les coordonnées rectilignes par les températures correspondantes, on obtient deux nouveaux systèmes isothermes et orthogonaux. Ces deux derniers, à leur tour, fournissent deux autres systèmes, et ainsi de suite indéfiniment.

IX.

Surfaces homofocales du second ordre.

Considérons l'équation du second degré

$$\frac{x^2}{\rho^2}+\frac{y^2}{\rho^2-b^2}+\frac{z^2}{\rho^2-c^2}=1,$$

où ρ est un paramètre indéterminé, et $b < c$.

Cette équation représente trois systèmes de surfaces, c'est-à-dire qu'en regardant x, y, z comme connus, l'équation en ρ^2 a trois racines réelles; l'une de ces racines est comprise entre 0 et b^2, l'autre entre b^2 et c^2, et la troisième entre c^2 et l'∞. Cela résulte du tableau suivant, où ω représente une quantité infiniment petite, et où l'on a placé, en regard de diverses valeurs de ρ^2, le signe correspondant du premier membre de l'équation,

$$\rho^2=\left\{\begin{array}{ll}\omega & +\\ b^2-\omega & -\\ b^2+\omega & +\\ c^2-\omega & -\\ c^2+\omega & +\\ \infty & -\end{array}\right.$$

Soient λ^2 la racine comprise entre c^2 et l'∞, μ^2 celle qui est entre b^2 et c^2, et ν^2 celle qui est entre 0 et b^2. L'équation proposée peut alors se remplacer par les trois suivantes :

$$\frac{x^2}{\lambda^2} + \frac{y^2}{\lambda^2 - b^2} + \frac{z^2}{\lambda^2 - c^2} = 1,$$

$$\frac{x^2}{\mu^2} + \frac{y^2}{\mu^2 - b^2} - \frac{z^2}{c^2 - \mu^2} = 1,$$

$$\frac{x^2}{\nu^2} - \frac{y^2}{b^2 - \nu^2} - \frac{z^2}{c^2 - \nu^2} = 1.$$

Elles représentent des ellipsoïdes et des hyperboloïdes à une et à deux nappes. Ces trois systèmes de surfaces ont été appelés, par M. Lamé, *surfaces homofocales*, parce que les sections principales ont les mêmes foyers.

Au lieu de déterminer la position d'un point dans l'espace par les trois coordonnées rectilignes, ou par l'intersection de trois plans, on peut le faire par l'intersection de ces trois surfaces. Les coordonnées sont alors les paramètres λ, μ, ν de ces surfaces; M. Lamé les désigne sous le nom de *coordonnées elliptiques*. Pour prouver ce qui précède, il suffit de faire voir qu'on peut obtenir les valeurs des coordonnées rectilignes en fonction des coordonnées elliptiques. Or l'équation en ρ^2, ordonnée suivant les puissances de ce paramètre, est

$$\rho^6 - (x^2 + y^2 + z^2 + b^2 + c^2)\rho^4 + (b^2x^2 + c^2x^2 + c^2y^2 + b^2z^2 + b^2c^2)\rho^2 - b^2c^2x^2 = 0.$$

Les relations existant entre les coefficients et les racines sont

$$x^2 + y^2 + z^2 + b^2 + c^2 = \lambda^2 + \mu^2 + \nu^2,$$
$$b^2x^2 + c^2x^2 + c^2y^2 + b^2z^2 + b^2c^2 = \lambda^2\mu^2 + \lambda^2\nu^2 + \mu^2\nu^2,$$
$$b^2c^2x^2 = \lambda^2\mu^2\nu^2.$$

Ces relations donnent facilement

$$x = \frac{\lambda\mu\nu}{bc},$$

$$y = \frac{\sqrt{(\lambda^2 - b^2)(\mu^2 - b^2)(b^2 - \nu^2)}}{b\sqrt{c^2 - b^2}},$$

$$z = \frac{\sqrt{(\lambda^2 - c^2)(c^2 - \mu^2)(c^2 - \nu^2)}}{c\sqrt{c^2 - b^2}}.$$

Voici quelques propriétés remarquables dont jouissent les surfaces homofocales.

THÉORÈME.

Ces surfaces se coupent orthogonalement.

Cela signifie qu'en un point quelconque de leur intersection, leurs plans tangents sont perpendiculaires. Par exemple, la condition de perpendicularité des ellipsoïdes et des hyperboloïdes à une nappe est

$$\frac{x^2}{\lambda^2\mu^2}+\frac{y^2}{(\lambda^2-b^2)(\mu^2-b^2)}+\frac{z^2}{(\lambda^2-c^2)(\mu^2-c^2)}=0.$$

On trouve précisément ce résultat en retranchant l'une de l'autre les équations des deux séries de surfaces.

M. Binet a donné les deux théorèmes suivants dans le 16e cahier du *Journal de l'École Polytechnique*.

THÉORÈME I.

Une surface quelconque d'une série est coupée par les surfaces des deux autres séries, suivant ses deux systèmes de lignes de courbure.

Ainsi l'ellipsoïde au paramètre λ est coupé suivant un de ses systèmes de lignes de courbure par les hyperboloïdes à une nappe, c'est-à-dire que l'équation

$$\frac{dx+p\,dz}{dp}=\frac{dy+q\,dz}{dq},$$

des lignes de courbure, est vérifiée, quand on y substitue les valeurs de p et q tirées de l'équation de l'ellipsoïde, et les valeurs de dx, dy, dz tirées des relations qui donnent les coordonnées rectilignes au moyen de λ, μ, ν, mais en ayant soin de ne faire varier que μ. Cette vérification réussit effectivement.

THÉORÈME II.

Pour avoir les axes principaux d'un corps en un point quelconque, il suffit de faire passer par ce point trois surfaces homofocales, dont le centre est le centre de gravité de ce corps ; les normales des trois surfaces au point d'intersection sont précisément les axes principaux demandés.

Soient G le centre de gravité du corps, GX, GY, GZ les axes principaux relatifs à ce point. Si x, y, z sont les coordonnées d'un point quelconque du corps par rapport à ces axes, on a

$$\Sigma mxy = 0, \quad \Sigma mxz = 0, \quad \Sigma myz = 0,$$
$$\Sigma mx = 0, \quad \Sigma my = 0, \quad \Sigma mz = 0.$$

Soient MX′, MY′, MZ′ les axes principaux relatifs à un point quelconque M; il s'agit de prouver qu'ils coïncident avec les normales aux trois surfaces homofocales du second ordre passant par ce point, et ayant pour centre commun le centre de gravité du corps. En représentant par x', y', z' les coordonnées d'un point quelconque du corps par rapport aux axes X′, Y′, Z′, et par α, β, γ celles de G par rapport aux mêmes axes, on a les relations connues,

$$x' = \alpha + ax + a'y + a''z,$$
$$y' = \beta + bx + b'y + b''z,$$
$$z' = \gamma + cx + c'y + c''z;$$

mais on doit avoir

$$\Sigma mx'y' = 0, \quad \Sigma mx'z' = 0, \quad \Sigma my'z' = 0.$$

L'expression $\Sigma mx'y'$ devient

$$\Sigma m\alpha\beta + ab\,\Sigma mx^2 + a'b'\,\Sigma my^2 + a''b''\,\Sigma mz^2.$$

Posons

$$\Sigma mx^2 = \text{MA}_1, \quad \Sigma my^2 = \text{MB}_1, \quad \Sigma mz^2 = \text{MC}_1;$$

l'expression précédente devient, après la suppression du facteur M qui est la masse totale du corps,

$$\alpha\beta + ab\text{A}_1 + a'b'\text{B}_1 + a''b''\text{C}_1.$$

Le théorème est ramené à vérifier que cette expression est nulle quand on fait coïncider les axes X′, Y′, Z′ avec les normales aux surfaces homofocales. Pour exprimer que X′ coïncide avec la normale à l'ellipsoïde λ, il faut écrire que $(a\,a'\,a'')$ sont égaux aux cosinus des angles que la normale à cet ellipsoïde au point M fait avec les axes X, Y, Z.

On a ainsi

$$a = \frac{x}{\lambda^2 \sqrt{\frac{x^2}{\lambda^4} + \frac{y^2}{(\lambda^2 - b_1^2)^2} + \frac{z^2}{(\lambda^2 - c_1^2)^2}}}.$$

Or l'expression

$$\frac{1}{\sqrt{\frac{x^2}{\lambda^4} + \frac{y^2}{(\lambda^2 - b_1^2)^2} + \frac{z^2}{(\lambda^2 - c_1^2)^2}}}$$

est égale à la perpendiculaire α abaissée du centre de l'ellipsoïde sur le plan tangent; donc

$$a = \frac{\alpha x}{\lambda^2},$$

de même

$$a' = \frac{\alpha y}{\lambda^2 - b_1^2},$$

$$a'' = \frac{\alpha z}{\lambda^2 - c_1^2}.$$

Exprimant que Y' est la normale à l'hyperboloïde à une nappe, on aura semblablement

$$b = \frac{\beta x}{\mu^2}, \quad b' = \frac{\beta y}{\mu^2 - b_1^2}, \quad b'' = \frac{-\beta z}{c_1^2 - \mu^2}.$$

D'après ces valeurs, l'expression qui doit être nulle s'écrit

$$1 + \frac{A_1 x^2}{\lambda^2 \mu^2} + \frac{B_1 y^2}{(\lambda^2 - b_1^2)(\mu^2 - b_1^2)} - \frac{C_1 z^2}{(\lambda^2 - c_1^2)(c_1^2 - \mu^2)}.$$

Les demi-excentricités b_1 et c_1 étant arbitraires, on en dispose de manière qu'on ait

$$B_1 = A_1 - b_1^2, \quad C_1 = A_1 - c_1^2;$$

alors on doit avoir identiquement

$$A_1 \left[\frac{x^2}{\lambda^2 \mu^2} + \frac{y^2}{(\lambda^2 - b_1^2)(\mu^2 - b_1^2)} - \frac{z^2}{(\lambda^2 - c_1^2)(c_1^2 - \mu^2)} \right]$$
$$+ 1 - \frac{b_1^2 y^2}{(\lambda^2 - b_1^2)(\mu^2 - b_1^2)} + \frac{c_1^2 z^2}{(\lambda^2 - c_1^2)(c_1^2 - \mu^2)} = 0.$$

D'abord, en retranchant l'une de l'autre les équations de l'ellipsoïde et de l'hyperboloïde à une nappe, on trouve que le coefficient de A_1 est nul, comme on le savait encore d'après la perpendicularité des deux surfaces. Ensuite, éliminant x^2 entre les deux mêmes équations, on apprend que l'ensemble des trois derniers termes est aussi nul, ce qui démontre le théorème.

X.

Systèmes isothermes formés par les surfaces du second ordre.

Considérons les surfaces du second ordre concentriques, et ayant les axes dans la même direction; leur équation générale est

$$\alpha x^2 + \beta y^2 + \gamma z^2 = 1.$$

M. Lamé s'est occupé, à deux reprises, de la détermination des systèmes isothermes compris dans cette équation, d'abord dans son Mémoire sur les surfaces isothermes, et ensuite dans une Note insérée au tome VIII du *Journal de Mathématiques*. Je vais reprendre cette même question, en regardant β et γ comme fonction de α, et, pour déterminer ces deux fonctions, nous allons former l'équation

$$\Delta_2 \alpha - \psi h^2 = 0;$$

il vient

$$h^2 = \frac{4(\alpha^2 x^2 + \beta^2 y^2 + \gamma^2 z^2)}{(x^2 + \beta' y^2 + \gamma' z^2)^2},$$

$$\Delta_2 \alpha = \frac{8(\alpha x^2 + \beta\beta' y^2 + \gamma\gamma' z^2)(x^2 + \beta' y^2 + \gamma' z^2) - 2(\alpha + \beta + \gamma)(x^2 + \beta' y^2 + \gamma' z^2) - 4(\alpha^2 x^2 + \beta^2 y^2 + \gamma^2 z^2)(\beta'' y^2 + \gamma'' z^2)}{(x^2 + \beta' y^2 + \gamma' z^2)^3}.$$

Par suite, en remplaçant dans l'équation de l'isothermie, x^2 par sa valeur tirée de l'équation des surfaces, et exprimant que l'équation résultante est vérifiée pour toutes les valeurs de y et z, on arrive à six équations; et si l'on substitue dans les cinq premières la valeur de

$$\psi = \frac{3\alpha - \beta - \gamma}{2\alpha^2},$$

tirée de la sixième, on obtient les cinq équations suivantes pour déterminer β et γ en α:

$$\alpha(\alpha+\beta+\gamma)(\alpha\beta'-\beta)^2-4\alpha^2\beta(\beta'-1)(\alpha\beta'-\beta)$$
$$+2\alpha^3\beta\beta''(\beta-\alpha)+\beta(\beta-\alpha)(\alpha\beta'-\beta)(3\alpha-\beta-\gamma)=0,$$
$$\alpha(\alpha+\beta+\gamma)(\alpha\gamma'-\gamma)^2-4\alpha^2\gamma(\gamma'-1)(\alpha\gamma'-\gamma)$$
$$+2\alpha^3\gamma\gamma''(\gamma-\alpha)+\gamma(\gamma-\alpha)(\alpha\gamma'-\gamma)(3\alpha-\beta-\gamma)=0,$$
$$2\alpha(\alpha+\beta+\gamma)(\alpha\beta'-\beta)(\alpha\gamma'-\gamma)-4\alpha^2\beta(\beta'-1)(\alpha\gamma'-\gamma)$$
$$-4\alpha^2\gamma(\gamma'-1)(\alpha\beta'-\beta)+2\alpha^3\beta\gamma''(\beta-\alpha)$$
$$+2\alpha^3\gamma\beta''(\gamma-\alpha)+\beta(\beta-\alpha)(\alpha\gamma'-\gamma)(3\alpha-\beta-\gamma)$$
$$+\gamma(\gamma-\alpha)(\alpha\beta'-\beta)(3\alpha-\beta-\gamma)=0,$$
$$2\alpha(\alpha+\beta+\gamma)(\alpha\beta'-\beta)-4\alpha^2(\alpha\beta'-\beta)-4\alpha^2\beta(\beta'-1)$$
$$+2\alpha^4\beta''+\alpha(\alpha\beta'-\beta)(3\alpha-\beta-\gamma)+\beta(\beta-\alpha)(3\alpha-\beta-\gamma)=0,$$
$$2\alpha(\alpha+\beta+\gamma)(\alpha\gamma'-\gamma)-4\alpha^2(\alpha\gamma'-\gamma)-4\alpha^2\gamma(\gamma'-1)$$
$$+2\alpha^4\gamma''+\alpha(\alpha\gamma'-\gamma)(3\alpha-\beta-\gamma)+\gamma(\gamma-\alpha)(3\alpha-\beta-\gamma)=0.$$

L'élimination de γ entre la première et la quatrième donne

$$2\alpha^3\beta''(\alpha^2\beta'-\beta^2)=0.$$

Sans recommencer de calcul, la composition des équations montre qu'en éliminant β entre la deuxième et la cinquième de ces équations, on obtiendra

$$2\alpha^3\gamma''(\alpha^2\gamma'-\gamma^2)=0.$$

En annulant d'abord les parenthèses, on trouve

$$\frac{1}{\beta}-\frac{1}{\alpha}=\text{const.},$$
$$\frac{1}{\gamma}-\frac{1}{\alpha}=\text{const.},$$

ce qui donne les surfaces homofocales. Ces valeurs de β et γ en α vérifient les cinq équations simultanées.

Les deux équations finales donnent encore

$$\beta''=0,\quad \gamma''=0,$$

c'est-à-dire

$$\beta=A\alpha+B,\quad \gamma=A'\alpha+B'.$$

En substituant ces valeurs dans les cinq équations, on voit qu'elles ne sont satisfaites qu'en posant

$$B = 0, \quad B' = 0, \quad A = A' = 1,$$

et alors on a les sphères de même centre.

M. Duhamel a traité la même question, lorsque la conductibilité du corps n'est pas la même dans tous les sens. En prenant pour axes coordonnés ce que M. Duhamel appelle dans ses Mémoires *axes principaux de conductibilité*, l'équation de Fourier est

$$A\frac{d^2u}{dx^2} + B\frac{d^2u}{dy^2} + C\frac{d^2u}{dz^2} = 0.$$

En posant

$$x = x'\sqrt{A}, \quad y = y'\sqrt{B}, \quad z = z'\sqrt{C},$$

elle prend la forme ordinaire,

$$\frac{d^2u}{dx'^2} + \frac{d^2u}{dy'^2} + \frac{d^2u}{dz'^2} = 0.$$

M. Duhamel, dans son travail, fait une comparaison complète du cas qu'il considère avec le cas plus simple de M. Lamé (*Journal de Mathématiques*, tome IV).

XI.

Surfaces orthogonales conjuguées.

On appelle *surfaces orthogonales conjuguées* trois systèmes de surfaces telles, qu'une quelconque d'un des trois systèmes coupe à angle droit toutes celles des deux autres systèmes. Ces trois séries de surfaces fournissent les coordonnées connues sous le nom de *coordonnées curvilignes*, lesquelles servent à déterminer la position d'un point dans l'espace, par l'intersection de trois de ces surfaces.

Soient

$$\rho = f(x, y, z), \quad \rho_1 = f_1(x, y, z), \quad \rho_2 = f_2(x, y, z),$$

les équations des trois systèmes. Pour simplifier l'écriture, nous poserons

$$\frac{d\rho}{dx} = \lambda, \quad \frac{d\rho}{dy} = \mu, \quad \frac{d\rho}{dz} = \nu, \quad \frac{d\rho_1}{dx} = \lambda_1, \ldots$$

Représentons par ds, ds_1, ds_2 les distances de deux surfaces infiniment voisines dans les trois systèmes; si α est l'angle que l'élément normal ds fait avec l'axe des X, on a

$$dx = ds \cos\alpha = \frac{ds}{h}\frac{d\rho}{dx} = ds\frac{\lambda}{h};$$

de même

$$dy = ds\frac{\mu}{h},$$

$$dz = ds\frac{\nu}{h}.$$

Substituant ces valeurs dans l'expression

$$d\rho = \frac{d\rho}{dx}dx + \frac{d\rho}{dy}dy + \frac{d\rho}{dz}dz,$$

il vient

$$ds = \frac{d\rho}{h};$$

pareillement

$$ds_1 = \frac{d\rho_1}{h_1},$$

$$ds_2 = \frac{d\rho_2}{h_2}.$$

Par suite, les relations ci-dessus fournissent neuf équations telles que celles-ci,

$$\lambda = h^2\frac{dx}{d\rho}, \quad \lambda_1 = h_1^2\frac{dx}{d\rho_1}, \quad \lambda_2 = h_2^2\frac{dx}{d\rho_1}.$$

Théorème de M. Ch. Dupin.

C'est dans les *Développements de géométrie* que M. Dupin a démontré le théorème dont il s'agit, et dont voici l'énoncé :

Trois systèmes conjugués de surfaces orthogonales sont toujours tels, que deux quelconques d'entre eux tracent sur une surface du troisième toutes ses lignes de courbure.

Nous avons déjà vérifié ce théorème pour les surfaces homofocales du second ordre. La méthode que nous avons employée dans ce cas particulier va nous servir à démontrer le cas général; elle est très-simple, et ne s'appuie sur aucune considération étrangère aux systèmes orthogonaux conjugués.

Démontrons, par exemple, que la surface ρ est coupée par la surface ρ_1 suivant une de ses lignes de courbure. L'équation

$$\frac{dx + p\,dz}{dp} = \frac{dy + q\,dz}{dq}$$

doit être identiquement satisfaite, quand on y substitue les valeurs de p et q tirées de l'équation de la surface ρ, et les valeurs de dx, dy, dz obtenues en faisant varier seulement ρ_1 dans les expressions de x, y, z que donnent les équations des surfaces en fonction des trois paramètres. La substitution de p et q donne

$$d\lambda(\mu\,dz - \nu\,dy) + d\mu(\nu\,dx - \lambda\,dz) + d\nu(\lambda\,dy - \mu\,dx) = 0.$$

Or, x, y, z étant fonctions de ρ_1, il vient, en ayant égard aux formules que nous avons établies au commencement de ce paragraphe,

$$d\lambda(\mu\nu_1 - \nu\mu_1) + d\mu(\nu\lambda_1 - \lambda\nu_1) + d\nu(\lambda\mu_1 - \mu\lambda_1) = 0.$$

Mais les parenthèses, d'après les formules qui donnent la direction d'une perpendiculaire à deux droites, lesquelles sont elles-mêmes perpendiculaires, sont proportionnelles aux cosinus des angles que la normale à la surface ρ_2 fait avec les axes; on doit donc avoir l'identité

$$(a) \qquad \lambda_2 d\lambda + \mu_2 d\mu + \nu_2 d\nu = 0.$$

Pour prouver qu'elle a lieu pour tous les systèmes orthogonaux conjugués, écrivons les conditions qui expriment que les trois séries de surfaces sont orthogonales,

$$(b) \qquad \begin{cases} \lambda\lambda_1 + \mu\mu_1 + \nu\nu_1 = 0, \\ \lambda\lambda_2 + \mu\mu_2 + \nu\nu_2 = 0, \\ \lambda_1\lambda_2 + \mu_1\mu_2 + \nu_1\nu_2 = 0; \end{cases}$$

d'ailleurs les équations différentielles des trois systèmes de surfaces sont

$$(c)\qquad \begin{cases} \lambda dx + \mu dy + \nu dz = 0, \\ \lambda_1 dx + \mu_1 dy + \nu_1 dz = 0, \\ \lambda_2 dx + \mu_2 dy + \nu_2 dz = 0. \end{cases}$$

Différentiant la deuxième des équations (b), on a

$$(d)\qquad \lambda_2 d\lambda + \mu_2 d\mu + \nu_2 d\nu + \lambda d\lambda_2 + \mu d\mu_2 + \nu d\nu_2 = 0.$$

Comparant cette équation à la condition (a), on est conduit à prouver qu'elle se dédouble dans les deux suivantes :

$$\lambda_2 d\lambda + \mu_2 d\mu + \nu_2 d\nu = 0, \quad \lambda d\lambda_2 + \mu d\mu_2 + \nu d\nu_2 = 0.$$

Or la deuxième des équations (b) et la troisième des équations (c) donnent

$$\lambda_2 = \frac{\mu dz - \nu dy}{\lambda dy - \mu dx}\nu_2, \quad \mu_2 = \frac{\nu dx - \lambda dz}{\lambda dy - \mu dx}\nu_2.$$

Nous substituerons ces valeurs dans les trois premiers termes de l'équation (d). De même, la deuxième des équations (b) et la première des équations (c) donnent

$$\lambda = \frac{\mu_2 dz - \nu_2 dy}{\lambda_2 dy - \mu_2 dx}\nu, \quad \mu = \frac{\nu_2 dx - \lambda_2 dz}{\lambda_2 dy - \mu_2 dx}\nu.$$

On substitue ces valeurs dans les trois derniers termes de (d), laquelle s'écrit alors

$$\nu_1 \frac{d\lambda(\mu dz - \nu dy) + d\mu(\nu dx - \lambda dz) + d\nu(\lambda dy - \mu dx)}{\lambda dy - \mu dx}$$
$$+ \nu_1 \frac{d\lambda_2(\mu_2 dz - \nu_2 dy) + d\mu_2(\nu_2 dx - \lambda_2 dz) + d\nu_2(\lambda_2 dy - \mu_2 dx)}{\lambda_2 dy - \mu_2 dx} = 0.$$

Or les numérateurs sont nuls, puisqu'ils ne sont autre chose que les équations des lignes de courbure des surfaces ρ et ρ_2. Donc la condition (a) est bien satisfaite, et, partant, le théorème est démontré.

Les équations telles que (a) sont, sous une forme particulière, celles des lignes de courbure des surfaces orthogonales conjuguées. On peut encore dire qu'elles expriment la condition pour que la plus courte distance de deux normales consécutives à une surface soit un infiniment petit du second ordre, et alors on sait qu'elle est du troisième.

XII.

Occupons-nous maintenant de la proposition suivante :

Une famille de surfaces représentée par une équation, où entre un paramètre ρ, ne peut pas toujours être considérée comme l'une des familles d'un système triple de surfaces orthogonales.

Ce théorème a été établi par M. Bouquet dans le tome **XI** du *Journal de Mathématiques ;* dans le tome suivant, M. Serret a repris la même question, et a déterminé plusieurs nouveaux systèmes orthogonaux conjugués.

En admettant pour un moment que le théorème soit vrai, les tangentes à chacun des systèmes de lignes de courbure des surfaces ρ sont perpendiculaires aux surfaces d'un des systèmes conjugués. Par conséquent, si u, v, w sont des quantités proportionnelles aux cosinus des angles que les tangentes aux lignes de courbure d'une des séries font avec les axes, on sait qu'on doit avoir identiquement, quelles que soient les coordonnées,

$$u\left(\frac{dv}{dz}-\frac{dw}{dy}\right)+v\left(\frac{dw}{dx}-\frac{du}{dz}\right)+w\left(\frac{du}{dy}-\frac{dv}{dx}\right)=0.$$

Pour vérifier si cette condition est remplie, cherchons les cosinus des angles formés par les axes et les tangentes aux lignes de courbure des surfaces au paramètre ρ. En prenant les équations de deux normales infiniment voisines, éliminant entre elles $X-x$, $Y-y$, $Z-z$, et posant

$$\frac{dx}{ds}=\alpha,\quad \frac{dy}{ds}=\beta,\quad \frac{dz}{ds}=\gamma,$$

on trouve, pour les lignes de courbure, l'équation symétrique

$$\left(\frac{d\lambda}{dx}\alpha+\frac{d\lambda}{dy}\beta+\frac{d\lambda}{dz}\gamma\right)(\mu\gamma-\nu\beta)+\left(\frac{d\mu}{dx}\alpha+\frac{d\mu}{dy}\beta+\frac{d\mu}{dz}\gamma\right)(\nu\alpha-\lambda\gamma)$$
$$+\left(\frac{d\nu}{dx}\alpha+\frac{d\nu}{dy}\beta+\frac{d\nu}{dz}\gamma\right)(\lambda\beta-\mu\alpha)=0.$$

Il est aisé de voir que cette équation exprime la perpendicularité de l'axe de la section principale au point x, y, z, avec la normale menée par un point infiniment voisin pris sur une ligne de courbure. Par conséquent, en désignant par λ_1, μ_1, ν_1 et λ_2, μ_2, ν_2 les cosinus des angles que ces deux directions font avec les axes, l'équation des lignes de courbure peut s'écrire sous cette forme simple,

$$\lambda_1\lambda_2 + \mu_1\mu_2 + \nu_1\nu_2 = 0.$$

Ordonnant l'équation ci-dessus par rapport aux puissances des cosinus, elle s'écrit

$$\begin{aligned}
&\alpha^2\left(\mu\frac{d\nu}{dx} - \nu\frac{d\mu}{dx}\right) + 6^2\left(\nu\frac{d\lambda}{dy} - \lambda\frac{d\nu}{dy}\right) + \gamma^2\left(\lambda\frac{d\mu}{dz} - \mu\frac{d\lambda}{dz}\right)\\
&- \alpha 6\left[\lambda\frac{d\nu}{dx} - \mu\frac{d\nu}{dy} - \nu\left(\frac{d\lambda}{dx} - \frac{d\mu}{dy}\right)\right] + \alpha\gamma\left[\lambda\frac{d\mu}{dx} - \nu\frac{d\mu}{dz} - \mu\left(\frac{d\lambda}{dx} - \frac{d\nu}{dz}\right)\right]\\
&- 6\gamma\left[\mu\frac{d\lambda}{dy} - \nu\frac{d\lambda}{dz} - \lambda\left(\frac{d\mu}{dy} - \frac{d\nu}{dz}\right)\right] = 0.
\end{aligned}$$

Pour connaître les angles α, 6, γ, il faut associer à cette équation

$$\lambda\alpha + \mu 6 + \nu\gamma = 0,$$

qui est l'équation différentielle de la surface, et la relation connue

$$\alpha^2 + 6^2 + \gamma^2 = 1.$$

Si l'on regarde x, y, z comme constantes, c'est-à-dire si l'on considère un point particulier sur la surface, et α, 6, γ comme des coordonnées variables, les cosinus demandés sont les coordonnées des points d'intersection d'un cône du second degré, d'un plan passant par le sommet de ce cône, et parallèle au plan tangent à la surface au point particulier, et enfin d'une sphère de rayon 1, concentrique au cône. Remarquons que si l'on rapportait le cône à ses axes principaux, les rectangles disparaîtraient; et, par conséquent, si l'on avait d'abord adopté ces axes, on aurait trouvé la même équation, mais réduite à sa forme la plus simple. Nous pouvons donc dire que, pour tout point d'une surface quelconque, il existe trois axes tels, que l'on a

$$\begin{aligned}
\lambda\frac{d\nu}{dx} - \mu\frac{d\nu}{dy} - \nu\left(\frac{d\lambda}{dx} - \frac{d\mu}{dy}\right) &= 0,\\
\lambda\frac{d\mu}{dx} - \nu\frac{d\mu}{dz} - \mu\left(\frac{d\lambda}{dx} - \frac{d\nu}{dz}\right) &= 0,\\
\mu\frac{d\lambda}{dy} - \nu\frac{d\lambda}{dz} - \lambda\left(\frac{d\mu}{dy} - \frac{d\nu}{dz}\right) &= 0,
\end{aligned}$$

quand on met pour x, y, z les coordonnées du point considéré.

Les trois coefficients de α^2, β^2, γ^2 ne sont pas de même signe, car leur somme est nulle.

Comme les calculs sont compliqués dans le cas général, nous supposerons que l'équation du système proposé soit

$$\rho = X + Y + Z,$$

X étant seulement fonction de x, Y de y, et Z de z. Alors, prenant pour u, v, w les numérateurs de α, β, γ, il vient

$$u = \frac{X'}{X'' - Q}, \quad v = \frac{Y'}{Y'' - Q}, \quad w = \frac{Z'}{Z'' - Q},$$

Q désignant une des racines de l'équation du second degré,

$$\frac{X'^2}{X'' - Q} + \frac{Y'^2}{Y'' - Q} + \frac{Z'^2}{Z'' - Q} = 0.$$

Si l'on remplace u, v, w par ces valeurs, et que l'on calcule $\frac{dQ}{dx}$, $\frac{dQ}{dy}$, $\frac{dQ}{dz}$ au moyen de l'équation du second degré, toute trace de Q disparaît, et l'on arrive finalement à

$$\begin{gathered} X'X'''(Y'' - Z'') + Y'Y'''(Z'' - X'') + Z'Z'''(X'' - Y'') \\ + 2(Y'' - Z'')(Z'' - X'')(X'' - Y'') = 0. \end{gathered}$$

Comme cette relation n'est pas identique, le théorème se trouve démontré.

Examinons un cas étudié tout récemment par M. Lamé; supposons que les surfaces ρ soient parallèles, c'est-à-dire qu'on ait

$$X'^2 + Y'^2 + Z'^2 = \text{const.};$$

alors la condition ci-dessus est satisfaite, c'est-à-dire qu'à une série de surfaces parallèles correspondent des systèmes orthogonaux conjugués. On voit que les deux systèmes de surfaces développables, formés par les normales aux surfaces parallèles le long des lignes de courbure, forment deux systèmes conjugués.

XIII.

Relations entre les six rayons de courbure principaux.

Les trois systèmes de surfaces conjuguées déterminent, par leurs intersections, trois lignes que nous regarderons comme trois axes coordonnés courbes, et que nous désignerons par les noms d'axe des s, des s_1 et des s_2. Ainsi l'axe des s, qui sera supposé vertical, est la normale à la surface $s_1 s_2$. Soient (γ_1, c_2) les rayons de courbure principaux de cette surface; soient pareillement (γ_2, c) les rayons de courbure principaux de la surface ss_2 dont la normale est s_1, et (γ, c_1) ceux de la surface ss_1 dont la normale est s_2. Ces rayons de courbure seront positifs si les centres de courbure correspondants sont situés sur la partie positive des axes, et négatifs dans le cas contraire. Nous emploierons l'expression de *courbures conjuguées en surface*, pour désigner les deux courbures d'une même surface coordonnée. Chaque axe étant une ligne de courbure pour chacune des deux surfaces coordonnées dont il est l'intersection, cet axe doit être considéré comme offrant deux courbures différentes, qui ne sont autre chose que les courbures des deux sections principales auxquelles il est tangent. Les deux rayons de courbure de s_1 sont (c_1, γ_1), ceux de s_2 (c_2, γ_2), et ceux de s (c, γ). Nous désignerons sous le nom de *courbures conjuguées en axe*, les deux courbures d'un même axe. Nous appellerons aussi *plan d'une courbure*, celui de son cercle osculateur; et *variation d'une quantité suivant une certaine ligne*, la limite du rapport de l'accroissement de cette quantité à l'arc parcouru sur la ligne. Toutes ces définitions ont été données par M. Lamé dans son Mémoire sur les coordonnées curvilignes.

Voici l'énoncé général d'un groupe de formules trouvées par ce géomètre : *La variation d'une courbure, suivant l'axe normal à son plan, est égale au produit de sa conjuguée en axe, par son excès sur sa conjuguée en surface*. Ces formules, au nombre de six, sont :

$$\frac{d\frac{1}{\gamma_1}}{ds_2} = \frac{1}{c_1}\left(\frac{1}{\gamma_1} - \frac{1}{c_2}\right), \quad \frac{d\frac{1}{c_2}}{ds_1} = \frac{1}{\gamma_2}\left(\frac{1}{c_2} - \frac{1}{\gamma_1}\right),$$

$$\frac{d\frac{1}{\gamma_2}}{ds} = \frac{1}{c_2}\left(\frac{1}{\gamma_2} - \frac{1}{c}\right), \quad \frac{d\frac{1}{c}}{ds_2} = \frac{1}{\gamma}\left(\frac{1}{c} - \frac{1}{\gamma_2}\right),$$

$$\frac{d\frac{1}{\gamma}}{ds_1} = \frac{1}{c}\left(\frac{1}{\gamma} - \frac{1}{c_1}\right), \quad \frac{d\frac{1}{c_1}}{ds} = \frac{1}{\gamma_1}\left(\frac{1}{c_1} - \frac{1}{\gamma}\right).$$

Ces formules ont été établies directement par MM. Bertrand et Bonnet dans le *Journal de l'École Polytechnique*. Le lemme suivant sert à les retrouver assez simplement.

LEMME. *Le rayon de courbure c_1 de la section principale $s_1 s_2$ est égal au rayon de courbure de la projection sur $s_1 s_2$ de la ligne de courbure tangente à l'axe s_1.*

En effet, considérons, à partir de l'origine des coordonnées, deux éléments consécutifs mm', $m'm''$ de la ligne de courbure. Soient $m'm''_1$ la projection sur $s_1 s_2$ de l'élément $m'm''$, et $m't$ le prolongement de mm'. On a ainsi un trièdre aux arêtes $m't$, $m'm''_1$, $m'm''$, rectangle suivant l'arête $m'm''_1$. Ce trièdre ou le triangle sphérique correspondant donne

$$\text{angle } tm'm''_1 = \text{angle } tm'm'' \cos(\widehat{tm'm''_1,\ tm'm''}).$$

Divisant les deux membres par mm', et observant que $tm'm''_1$ est l'angle de contingence de la projection de la ligne de courbure et $tm'm''$ celui de la ligne de courbure dans l'espace, il vient

$$\frac{1}{\rho_1} = \frac{1}{\rho} \cos\alpha,$$

ρ_1 étant le rayon de courbure de la projection de la ligne de courbure sur $s_1 s_2$, ρ celui de la ligne de courbure dans l'espace, et α l'angle du plan osculateur de cette ligne avec le plan de la section principale $s_1 s_2$. Or, par le théorème de Meunier, on a

$$\rho = c_1 \cos\alpha;$$

donc on a bien

$$\rho_1 = c_1. \qquad \text{C. Q. F. D.}$$

Ainsi, c_1 étant le rayon de courbure de la projection sur XY de la ligne de courbure, on a

$$c_1 = \frac{\left(1 + \frac{dy^2}{dx^2}\right)^{\frac{3}{2}}}{\frac{d^2y}{dx^2}} = \frac{1}{\frac{d^2y}{dx^2}},$$

parce qu'à l'origine $\frac{dy}{dx} = 0$; donc

$$\frac{d^2y}{dx^2} = \frac{1}{c_1}.$$

On peut avoir une autre expression de $\frac{d^2y}{dx^2}$ au moyen de l'équation différentielle de la projection de la ligne de courbure sur XY; et comme p, q, s sont nuls à l'origine,

$$\frac{d^2y}{dx^2}(r-t)=\frac{ds}{dx} \quad \text{ou} \quad \frac{dr}{dy}.$$

Or

$$r=\frac{1}{\gamma_1}, \quad t=\frac{1}{c_2};$$

donc, remplaçant dy par ds_2, il vient

$$\frac{d\frac{1}{\gamma_1}}{ds_2}=\frac{1}{c_1}\left(\frac{1}{\gamma_1}-\frac{1}{c_2}\right).$$

Ainsi les formules sont vérifiées pour l'origine, mais elles le sont aussi pour un point infiniment voisin; car, si, dans l'équation du second degré qui donne les rayons de courbure principaux, on fait

$$z=0, \quad x=0, \quad y=h,$$

h étant infiniment petit, elle devient

$$rtR^2-(r+t)R+1=0,$$

dont les racines sont $\frac{1}{r}$ et $\frac{1}{t}$ comme pour l'origine.

XIV.

Systèmes triples isothermes et orthogonaux.

Pour donner une idée complète du sujet que nous traitons, il nous reste à parler des systèmes triples orthogonaux qui sont isothermes. Cette question comporterait de longs développements qu'il nous est impossible de donner dans cette Thèse. Dans cette dernière partie, nous nous bornerons presquement uniquement à des énoncés. Nous avons souvent indiqué les sources où nous avons puisé; cependant, pour réparer les omissions involontaires que nous pouvons avoir faites, nous dirons que la théorie des surfaces orthogonales et isothermes est une théorie de nos jours; les géomètres qui l'ont enfantée et développée sont tous vivants. La plupart de leurs travaux se trouvent consignés dans deux seuls recueils scientifiques : le *Journal de l'École Polytechnique* et celui de *Mathématiques pures et appliquées*.

Rappelons-nous maintenant que, dans l'étude des surfaces cylindriques isothermes, nous avons démontré que le système orthogonal à un système isotherme donné est aussi isotherme. Le système triple est complété par les plans perpendiculaires aux génératrices.

Pareillement, quand on a un système de cônes isothermes de même sommet, les cônes ayant même sommet que les premiers, et pour bases sur la sphère les trajectoires orthogonales des bases des premiers, sont aussi isothermes. Ces deux systèmes de cônes, avec les sphères concentriques, donnent des systèmes triples orthogonaux et isothermes.

Enfin, les trois systèmes de surfaces homofocales du second ordre forment aussi des systèmes triples à la fois isothermes et orthogonaux.

M. Bertrand s'est proposé de rechercher si, à un système isotherme quelconque, il correspond deux autres systèmes isothermes, orthogonaux entre eux et au premier. A cet effet, il cherche les propriétés dont jouit une surface quelconque faisant partie d'un système triple isotherme et orthogonal. Au moyen de l'expression du flux de chaleur et de la géométrie des infiniment petits, il arrive à ces deux théorèmes.

THÉORÈME I.

Si, sur la surface considérée, on construit un rectangle fini avec quatre lignes de courbure, les quatre normales infiniment petites, menées aux quatre sommets de ce rectangle jusqu'à la surface infiniment voisine du même système, forment une proportion.

THÉORÈME II.

Cette même surface peut être découpée en rectangles semblables, et, par conséquent, en carrés, au moyen de ses deux systèmes de lignes de courbure.

En appliquant le premier de ces théorèmes au rectangle formé par quatre lignes de courbure sur la surface s du système triple isotherme et orthogonal, on obtient aisément

$$\frac{d\frac{1}{c}}{ds_2} = \frac{1}{cc_1}.$$

On peut ainsi écrire sous une autre forme les formules du paragraphe précédent. En égalant les seconds membres, on a les trois relations suivantes entre les rayons de courbure,

$$1 = \frac{c}{\gamma_2} + \frac{\gamma}{c_1},$$

$$1 = \frac{\gamma_2}{c} + \frac{c_2}{\gamma_1};$$

$$1 = \frac{\gamma_1}{c_2} + \frac{c_1}{\gamma}.$$

Ces relations n'équivalent qu'à deux, car on en déduit

$$cc_1c_2 + \gamma\gamma_1\gamma_2 = 0,$$

résultat qui donne un théorème de M. Lamé sur les produits des rayons de courbure principaux.

M. Bonnet, dans le XXXe cahier du *Journal de l'École Polytechnique*, a démontré plusieurs réciproques des théorèmes I et II. Il est aussi parvenu à plusieurs nouvelles relations entre les six rayons de courbure principaux, en s'appuyant sur le théorème II et sur des relations déjà établies par M. Lamé. Enfin, ce dernier géomètre a eu l'idée de chercher quelles sont toutes les surfaces capables de composer un système triplement isotherme. En quelques mots, voici la méthode qu'il a employée pour résoudre cette question difficile. Dans son Mémoire sur les coordonnées curvilignes, il a transformé des équations aux différentielles ordinaires en coordonnées curvilignes; parmi ces équations transformées, il y en a qui sont du second ordre, les variables indépendantes étant les paramètres (ρ, ρ_1, ρ_2) des trois séries de surfaces, et les fonctions, les paramètres différentiels du premier ordre (h, h_1, h_2). Ces équations ne peuvent pas s'intégrer quand les systèmes orthogonaux sont quelconques; mais quand on les assujettit, en outre, à être isothermes, l'intégration est possible. C'est précisément par l'intégration de ces équations aux différences partielles du second ordre, que M. Lamé a démontré son théorème, qui consiste en ce qu'il n'y a que les surfaces du second ordre susceptibles de former des systèmes triples orthogonaux et isothermes.

M. Bonnet a repris cette question synthétiquement; il a mis le théorème en évidence, en prouvant que, quand on a trois séries de surfaces orthogonales et isothermes, ces surfaces sont nécessairement du second ordre.

Je finirai en faisant voir que, parmi les surfaces développables, il n'y a que les cylindres et les cônes propres à former des systèmes triples isothermes et orthogonaux. En effet, ces surfaces étant partagées en rectangles semblables par les deux systèmes de lignes de courbure, cette propriété se conserve quand on étend ces surfaces sur un plan. Or, l'un des systèmes de lignes de courbure étant les génératrices, l'autre système est nécessairement ou rectiligne ou circulaire. Par conséquent, les trajectoires orthogonales du système rectiligne sont des lignes parallèles ou des cercles concentriques, c'est-à-dire que les surfaces développables sont des cylindres ou des cônes.

Vu et approuvé,

Le 4 Mai 1853,

Le Doyen de la Faculté des Sciences,

MILNE EDWARDS.

Permis d'imprimer.

Le 9 Mai 1853,

Le Recteur de l'Académie de la Seine,

CAYX.

THÈSE D'ASTRONOMIE.

SUR LES MOUVEMENTS APPARENTS.

INTRODUCTION.

Coriolis, dans deux Mémoires qui sont insérés dans les XXIe et XXIVe cahiers du *Journal de l'École Polytechnique*, donne la théorie générale des mouvements apparents. Il ramène l'étude de ces mouvements à celle des mouvements absolus, en ajoutant aux forces extérieures deux nouvelles espèces de forces, qu'il désigne sous les noms de *forces d'entraînement* et de *forces centrifuges composées*. L'objet de cette Thèse est l'exposition analytique de cette théorie des apparences. Les ingénieuses expériences de M. Foucault, sur le pendule et sur le mouvement de rotation d'un corps autour d'un axe, se rapportent à ce sujet.

I.

Équation générale des mouvements apparents.

1. Prenons l'équation générale de la Dynamique pour les mouvements absolus

$$(1)\quad \sum\left[\left(X - m\frac{d^2x}{dt^2}\right)\delta x + \left(Y - m\frac{d^2y}{dt^2}\right)\delta y + \left(Z - m\frac{d^2z}{dt^2}\right)\delta z\right] = 0,$$

à laquelle on adjoint les équations de condition résultant de la nature du système considéré.

Proposons-nous de rechercher ce que devient cette équation, quand on rapporte le mouvement à trois axes rectangulaires, mobiles d'une manière quelconque, autour d'une origine, qui elle-même se meut d'une manière arbitraire. Les formules générales de la transformation des coordonnées donnent, entre les coodonnées absolues et apparentes,

$$(2) \qquad \begin{cases} x = \alpha + ax' + by' + cz', \\ y = \beta + a'x' + b'y' + c'z', \\ z = \gamma + a''x' + b''y' + c''z'. \end{cases}$$

Les douze quantités α, β, γ, a, b, c, a', ..., sont des fonctions connues du temps. Les neuf cosinus sont liés par les six relations connues, et satisfont, en outre, aux trois suivantes :

$$(3) \qquad \begin{cases} p\,dt = c\,db + c'\,db' + c''\,db'', \\ q\,dt = a\,dc + a'\,dc' + a''\,dc'', \\ r\,dt = b\,da + b'\,da' + b''\,da'', \end{cases}$$

p, q, r étant les composantes de la vitesse de rotation autour de l'axe instantané relatif aux axes mobiles.

Enfin, les composantes des forces motrices, prises dans les deux systèmes de coordonnées, sont liées par les équations

$$(4) \qquad \begin{cases} X = aX' + bY' + cZ', \\ Y = a'X' + b'Y' + c'Z', \\ Z = a''X' + b''Y' + c''Z'. \end{cases}$$

Des équations (2) on déduit $\frac{d^2x}{dt^2}$, $\frac{d^2y}{dt^2}$, $\frac{d^2z}{dt^2}$, et aussi les variations δx, δy, δz, en ayant soin de regarder, dans ce dernier cas, le temps comme constant. Substituant toutes ces valeurs dans l'équation (1), et tenant compte des relations entre les cosinus, on trouve, pour l'équation résultant du principe de d'Alembert pour un mouvement apparent quelconque,

$$
(5)\ \sum\left\{
\begin{array}{l}
\left(\begin{array}{l}
\frac{X'}{m}-\frac{d^2x'}{dt^2}-2\left(q\frac{dz'}{dt}-r\frac{dy'}{dt}\right)\\
-\left(a\frac{d^2\alpha}{dt^2}+a'\frac{d^2\beta}{dt^2}+a''\frac{d^2\gamma}{dt^2}\right)+\frac{da^2+da'^2+da''^2}{dt^2}x'\\
+\left(\frac{dr}{dt}+\frac{da}{dt}\frac{db}{dt}+\frac{da'}{dt}\frac{db'}{dt}+\frac{da''}{dt}\frac{db''}{dt}\right)y'\\
+\left(-\frac{dq}{dt}+\frac{da}{dt}\frac{dc}{dt}+\frac{da'}{dt}\frac{dc'}{dt}+\frac{da''}{dt}\frac{dc''}{dt}\right)z'
\end{array}\right)\delta x'\\
+\left(\begin{array}{l}
\frac{Y'}{m}-\frac{d^2y'}{dt^2}-2\left(r\frac{dx'}{dt}-p\frac{dz'}{dt}\right)\\
-\left(b\frac{d^2\alpha}{dt^2}+b'\frac{d^2\beta}{dt^2}+b''\frac{d^2\gamma}{dt}\right)+\frac{db^2+db'^2+db''^2}{dt^2}y'\\
+\left(\frac{dp}{dt}+\frac{db}{dt}\frac{dc}{dt}+\frac{db'}{dt}\frac{dc'}{dt}+\frac{db''}{dt}\frac{dc''}{dt}\right)z'\\
+\left(-\frac{dr}{dt}+\frac{da}{dt}\frac{db}{dt}+\frac{da'}{dt}\frac{db'}{dt}+\frac{da''}{dt}\frac{db''}{dt}\right)x'
\end{array}\right)\delta y'\\
+\left(\begin{array}{l}
\frac{Z'}{m}-\frac{d^2z'}{dt^2}-2\left(p\frac{dy'}{dt}-q\frac{dx'}{dt}\right)\\
-\left(c\frac{d^2\alpha}{dt^2}+c'\frac{d^2\beta}{dt^2}+c''\frac{d^2\gamma}{dt^2}\right)+\frac{dc^2+dc'^2+dc''^2}{dt^2}z'\\
+\left(\frac{dq}{dt}+\frac{da}{dt}\frac{dc}{dt}+\frac{da'}{dt}\frac{dc'}{dt}+\frac{da''}{dt}\frac{dc''}{dt}\right)x'\\
+\left(-\frac{dp}{dt}+\frac{db}{dt}\frac{dc}{dt}+\frac{db'}{dt}\frac{dc'}{dt}+\frac{db''}{dt}\frac{dc''}{dt}\right)y'
\end{array}\right)\delta z'
\end{array}\right\}=0.
$$

En joignant à cette équation les équations des liaisons, exprimées au moyen des coordonnées apparentes, on obtiendra le mouvement du système proposé par les méthodes connues.

2. On peut trouver directement l'équation générale des mouvements apparents par le procédé suivant, qui consiste à chercher les composantes des forces effectives, à une époque quelconque, parallèlement aux axes mobiles, et à combiner ensuite le principe des vitesses virtuelles avec celui de d'Alembert. Soit, en effet, un point quelconque M du système, sollicité par une force dont les composantes, parallèlement aux axes mobiles, sont X', Y', Z'. Si les axes mobiles tournaient seulement autour de l'origine en emportant le point M, les projections, sur les axes mobiles, du déplacement de ce point seraient

$$(qz'-ry')dt,\quad (rx'-pz')dt,\quad (py'-qx')dt.$$

Mais le point M se déplace par rapport aux axes mobiles d'une quantité dont les projections sur ces axes sont dx', dy', dz'. Enfin, l'origine mobile subit un déplacement dont les projections sur les axes fixes sont $d\alpha$, $d\beta$, $d\gamma$, et sur les axes mobiles

$$a\,d\alpha + a'd\beta + a''d\gamma,$$
$$b\,d\alpha + b'd\beta + b''d\gamma,$$
$$c\,d\alpha + c'd\beta + c''d\gamma.$$

Divisant par dt les projections de l'accroissement total, on a, pour les composantes de la vitesse apparente du point M à l'époque t,

$$u = \frac{dx'}{dt} + qz' - ry' + a\frac{d\alpha}{dt} + a'\frac{d\beta}{dt} + a''\frac{d\gamma}{dt},$$
$$v = \frac{dy'}{dt} + rx' - pz' + b\frac{d\alpha}{dt} + b'\frac{d\beta}{dt} + b''\frac{d\gamma}{dt},$$
$$w = \frac{dz'}{dt} + py' - qx' + c\frac{d\alpha}{dt} + c'\frac{d\beta}{dt} + c''\frac{d\gamma}{dt}.$$

Après l'instant dt, ces vitesses, estimées parallèlement aux axes mobiles dans la position qu'ils occupent après cet instant, sont

$$u + du, \quad v + dv, \quad w + dw.$$

Par conséquent, ces mêmes vitesses, projetées sur les axes mobiles, dans la situation qu'ils avaient au commencement de cet instant, ont pour valeurs

$$u + du - (v + dv)r\,dt + (w + dw)q\,dt,$$
$$(u + du)r\,dt + v + dv - (w + dw)p\,dt,$$
$$-(u + du)q\,dt + (v + dv)p\,dt + w + dw.$$

Ainsi, en négligeant les infiniment petits du second ordre, on a, pour les composantes de la force effective d'un point quelconque,

$$u' = \frac{du}{dt} - rv + qw,$$
$$v' = \frac{dv}{dt} + ru - pw,$$
$$w' = \frac{dw}{dt} - qu + pv.$$

L'équation des vitesses virtuelles donne donc

$$\sum\left[\begin{array}{l}\left(\frac{X'}{m}-\frac{du}{dt}-qw+rv\right)\delta x'+\left(\frac{Y'}{m}-\frac{dv}{dt}-ru+pw\right)\delta y'\\ +\left(\frac{Z'}{m}-\frac{dw}{dt}-pv+qu\right)\delta z'\end{array}\right]=0.$$

Remettant les valeurs de u, v, w et de leurs dérivées, et observant qu'on a les neuf relations

$$(6)\left\{\begin{array}{lll}\frac{da}{dt}+cq-br=0, & \frac{da'}{dt}+c'q-b'r=0, & \frac{da''}{dt}+c''q-b''r=0,\\ \frac{db}{dt}+ar-cp=0, & \frac{db'}{dt}+a'r-c'p=0, & \frac{db''}{dt}+a''r-c''p=0,\\ \frac{dc}{dt}+bp-aq=0, & \frac{dc'}{dt}+b'p-a'q=0, & \frac{dc''}{dt}+b''p-a''q=0,\end{array}\right.$$

il vient, pour l'équation cherchée,

$$(7)\quad \sum\left\{\begin{array}{l}\left\{\begin{array}{l}\frac{X'}{m}-\frac{d^2x'}{dt^2}-2\left(q\frac{dz'}{dt}-r\frac{dy'}{dt}\right)\\ -\left(a\frac{d^2\alpha}{dt^2}+a'\frac{d^2\beta}{dt^2}+a''\frac{d^2\gamma}{dt^2}\right)+(q^2+r^2)x'\\ +\left(\frac{dr}{dt}-pq\right)y'+\left(-\frac{dq}{dt}-pr\right)z'\end{array}\right\}\delta x'\\ +\left\{\begin{array}{l}\frac{Y'}{m}-\frac{d^2y'}{dt^2}-2\left(r\frac{dx'}{dt}-p\frac{dz'}{dt}\right)\\ -\left(b\frac{d^2\alpha}{dt^2}+b'\frac{d^2\beta}{dt^2}+b''\frac{d^2\gamma}{dt^2}\right)+(p^2+r^2)y'\\ +\left(\frac{dp}{dt}-qr\right)z'+\left(-\frac{dr}{dt}-pq\right)x'\end{array}\right\}\delta y'\\ +\left\{\begin{array}{l}\frac{Z'}{m}-\frac{d^2z'}{dt^2}-2\left(p\frac{dy'}{dt}-q\frac{dx'}{dt}\right)\\ -\left(c\frac{d^2\alpha}{dt^2}+c'\frac{d^2\beta}{dt^2}+c''\frac{d^2\gamma}{dt^2}\right)+(p^2+q^2)z'\\ +\left(\frac{dq}{dt}-pr\right)x'+\left(-\frac{dp}{dt}-qr\right)y'\end{array}\right\}\delta z'\end{array}\right\}=0.$$

La comparaison des équations (5) et (7) donne les deux espèces de relations suivantes, que je crois nouvelles :

$$(8)\quad \begin{cases} \dfrac{da^2}{dt^2}+\dfrac{da'^2}{dt^2}+\dfrac{da''^2}{dt^2}=q^2+r^2,\\[2mm] \dfrac{db^2}{dt^2}+\dfrac{db'^2}{dt^2}+\dfrac{db''^2}{dt^2}=p^2+r^2,\\[2mm] \dfrac{dc^2}{dt^2}+\dfrac{dc'^2}{dt^2}+\dfrac{dc''^2}{dt^2}=p^2+q^2, \end{cases}$$

$$(9)\quad \begin{cases} \dfrac{da}{dt}\dfrac{db}{dt}+\dfrac{da'}{dt}\dfrac{db'}{dt}+\dfrac{da''}{dt}\dfrac{db''}{dt}=-pq,\\[2mm] \dfrac{db}{dt}\dfrac{dc}{dt}+\dfrac{db'}{dt}\dfrac{dc'}{dt}+\dfrac{db''}{dt}\dfrac{dc''}{dt}=-qr,\\[2mm] \dfrac{da}{dt}\dfrac{dc}{dt}+\dfrac{da'}{dt}\dfrac{dc'}{dt}+\dfrac{da''}{dt}\dfrac{dc''}{dt}=-pr. \end{cases}$$

Les trois relations (8) peuvent s'obtenir directement d'une manière très-simple. En effet, décomposons la vitesse angulaire

$$\omega=\sqrt{p^2+q^2+r^2}$$

en deux autres, l'une r suivant OZ', et l'autre $\sqrt{p^2+q^2}$ suivant une droite OH située dans le plan X'Y'. Pendant l'instant dt, l'angle décrit autour de OH est $dt\sqrt{p^2+q^2}$. Or, pendant le même instant, l'angle décrit par OZ' est $\sqrt{dc^2+dc'^2+dc''^2}$, c'est-à-dire l'angle que OZ' fait avec sa position infiniment voisine; donc on a

$$\sqrt{dc^2+dc'^2+dc''^2}=dt\sqrt{p^2+q^2},$$

ce qui est la troisième des relations (8); les deux autres se retrouvent d'une manière analogue.

3. Coriolis met l'équation générale des mouvements apparents sous une forme qui permet d'interpréter facilement les forces à ajouter aux forces extérieures, pour transformer les mouvements apparents en mouvements absolus. Pour cela, dans les dérivées secondes des coordonnées absolues par rapport au temps tirées des équations (2), on

pose

$$X_e = \frac{d^2\alpha}{dt^2} + x'\frac{d^2a}{dt^2} + y'\frac{d^2b}{dt^2} + z'\frac{d^2c}{dt^2},$$
$$Y_e = \frac{d^2\beta}{dt^2} + x'\frac{d^2a'}{dt^2} + y'\frac{d^2b'}{dt^2} + z'\frac{d^2c'}{dt^2},$$
$$Z_e = \frac{d^2\gamma}{dt^2} + x'\frac{d^2a''}{dt^2} + y'\frac{d^2b''}{dt^2} + z'\frac{d^2c''}{dt^2}.$$

On voit que X_e, Y_e, Z_e sont les composantes, parallèlement aux axes fixes, de la force qui lierait invariablement aux axes mobiles le point dont les coordonnées apparentes sont x', y', z'. Ce sont ces forces que Coriolis appelle *forces d'entraînement*. Les composantes de ces forces, parallèlement aux axes mobiles, sont

$$X'_e = aX_e + a'Y_e + a''Z_e,$$
$$Y'_e = bX_e + b'Y_e + b''Z_e,$$
$$Z'_e = cX_e + c'Y_e + c''Z_e.$$

En introduisant ces nouvelles quantités, l'équation demandée prend la forme simple

$$(10)\quad \sum\left\{\begin{array}{l} \left[X' - m\frac{d^2x'}{dt^2} - X'_e - 2m\left(q\frac{dz'}{dt} - r\frac{dy'}{dt}\right)\right]\delta x' \\ + \left[Y' - m\frac{d^2y'}{dt^2} - Y'_e - 2m\left(r\frac{dx'}{dt} - p\frac{dz'}{dt}\right)\right]\delta y' \\ + \left[Z' - m\frac{d^2z'}{dt^2} - Z'_e - 2m\left(p\frac{dy'}{dt} - q\frac{dx'}{dt}\right)\right]\delta z' \end{array}\right\} = 0.$$

Comparant les équations (7) et (10), on obtient les expressions générales des forces d'entraînement en fonction des coordonnées apparentes et des éléments qui définissent le mouvement des axes mobiles. Pour abréger l'écriture des valeurs de ces composantes, nous poserons

$$U_{x'} = a\frac{d^2\alpha}{dt^2} + a'\frac{d^2\beta}{dt^2} + a''\frac{d^2\gamma}{dt^2},$$
$$U_{y'} = b\frac{d^2\alpha}{dt^2} + b'\frac{d^2\beta}{dt^2} + b''\frac{d^2\gamma}{dt^2},$$
$$U_{z'} = c\frac{d^2\alpha}{dt^2} + c'\frac{d^2\beta}{dt^2} + c''\frac{d^2\gamma}{dt^2}.$$

On voit que $U_{x'}$, $U_{y'}$, $U_{z'}$ sont les composantes suivant les axes mobiles de la force effective relative à l'origine mobile.

Nous poserons encore

$$H = px' + qy' + rz'.$$

Il vient alors pour les expressions des forces d'entraînement

$$(11)\quad \begin{cases} \dfrac{X'_e}{m} = U_{x'} - \omega^2 x' + pH - \left(y'\dfrac{dr}{dt} - z'\dfrac{dq}{dt}\right), \\ \dfrac{Y'_e}{m} = U_{y'} - \omega^2 y' + qH - \left(z'\dfrac{dp}{dt} - x'\dfrac{dr}{dt}\right), \\ \dfrac{Z'_e}{m} = U_{z'} - \omega^2 z' + rH - \left(x'\dfrac{dq}{dt} - y'\dfrac{dp}{dt}\right). \end{cases}$$

La comparaison de l'équation (10) à l'équation (1) apprend que les mouvements apparents se ramènent aux mouvements absolus, en ajoutant aux forces appliquées deux nouvelles espèces de forces ; les premières, dont les composantes sont X'_e, Y'_e, Z'_e, sont les *forces d'entraînement*, et les secondes, dont les composantes suivant les axes mobiles sont

$$2m\left(q\frac{dz'}{dt} - r\frac{dy'}{dt}\right), \quad 2m\left(r\frac{dx'}{dt} - p\frac{dz'}{dt}\right), \quad 2m\left(p\frac{dy'}{dt} - q\frac{dx'}{dt}\right),$$

se trouvent désignées par Coriolis sous le nom de *forces centrifuges composées*. On vérifie immédiatement que ces dernières forces sont perpendiculaires à la fois, et à l'axe instantané des axes mobiles, et aux directions des vitesses apparentes des divers points du système.

II.

Principes généraux de la Dynamique.

4. Occupons-nous d'abord du principe des forces vives. En admettant que les équations provenant des liaisons du système ne renferment pas le temps, il suffit, dans l'équation (10), de remplacer les variations $\delta x'$, $\delta y'$, $\delta z'$ par les déplacements réels dx', dy', dz'. Cette équation s'écrit alors

$$(12)\quad \begin{cases} d\Sigma m v'^2 = 2\Sigma(X'dx' + Y'dy' + Z'dz') \\ \qquad - 2\Sigma(X'_e dx' + Y'_e dy' + Z'_e dz'). \end{cases}$$

Toute trace des *forces centrifuges composées* a disparu comme on pouvait le prévoir, puisqu'elles sont perpendiculaires à la direction du mouvement pour chaque point matériel.

L'équation (12) montre que le principe des forces vives a lieu dans les mouvements apparents, à la condition que l'on ajoute aux forces données des forces égales et contraires à celles qui imprimeraient, aux divers points du système considérés comme libres, le mouvement même des axes mobiles. Ce principe, qui est dû à Coriolis, sert à résoudre complétement un problème de mécanique quand il n'y a qu'une seule inconnue. Ainsi, supposons que le système ait un mouvement uniforme obligé autour de l'axe vertical OZ, ce qui est le cas ordinaire des machines; alors on a

$$\alpha = 0,\quad \beta = 0,\quad \gamma = 0,\quad p = 0,\quad q = 0,\quad r = \omega,$$

ω étant la vitesse angulaire constante. Par suite, les équations (10), (11) et (12) deviennent :

$$(13)\qquad \sum \left\{ \begin{array}{l} \left(X' - m\dfrac{d^2x'}{dt^2} - m\omega^2 x' + 2m\omega\dfrac{dy'}{dt}\right)\delta x' \\ + \left(Y' - m\dfrac{d^2y'}{dt^2} + m\omega^2 y' - 2m\omega\dfrac{dx'}{dt}\right)\delta y' \\ + \left(Z' - m\dfrac{d^2z'}{dt^2}\right)\delta z' \end{array} \right\} = 0,$$

$$(14)\qquad \left\{ \begin{array}{l} X'_e = -m\omega^2 x', \\ Y'_e = -m\omega^2 y', \\ Z'_e = 0, \end{array} \right.$$

$$(15)\quad d\Sigma mv'^2 = 2\Sigma(X'dx' + Y'dy' + Z'dz') + 2\omega^2\Sigma m(x'dx' + y'dy').$$

5. Pour donner des applications simples de la dernière équation, supposons d'abord qu'un point pesant se meuve sur une courbe douée d'un mouvement uniforme autour d'un axe vertical; on demande à quelle condition doit satisfaire cette courbe pour que le mobile ait sur elle un mouvement uniforme.

L'équation (15) donne immédiatement

$$0 = gdz' + \omega^2(x'dx' + y'dy').$$

Par conséquent, la courbe est assujèttie à être tracée d'une manière quelconque sur un paraboloïde de révolution autour de l'axe fixe.

Comme seconde application, admettons qu'il s'agisse de trouver le mouvement du régulateur à force centrifuge de Watt. La seule inconnue est l'angle θ de l'une des tiges, supposées l'une et l'autre sans masse, avec la verticale. Or, si l'on prend pour plan des $X'Z'$ le plan passant par les tiges et le pivot vertical, on a constamment $y' = 0$, et, par suite, l'équation (15) donne

$$dv'^2 = 2 g dz' + 2 \omega^2 x' dx'.$$

En désignant par l la longueur de chacune des tiges, et par θ_0 la valeur initiale de θ, l'équation précédente se transforme aisément en celle-ci, où les variables sont séparées,

$$dt = \frac{\sqrt{l}\, d\theta}{\sqrt{(\cos\theta - \cos\theta_0)\left[2g + l\omega^2(\cos\theta + \cos\theta_0)\right]}}.$$

Mouvement du centre de gravité.

6. En désignant par x'_1, y'_1, z'_1 les coordonnées apparentes du centre de gravité d'un système entièrement libre, on a, pour les équations du mouvement de ce centre de gravité,

$$(16)\quad \left\{\begin{aligned} &M\frac{d^2x'}{dt^2} + 2M\left(q\frac{dz'_1}{dt} - r\frac{dy'_1}{dt}\right) = \sum X' - \sum X'_e,\\ &M\frac{d^2y'}{dt^2} + 2M\left(r\frac{dx'_1}{dt} - p\frac{dz'_1}{dt}\right) = \sum Y' - \sum Y'_e,\\ &M\frac{d^2z'}{dt^2} + 2M\left(p\frac{dy'_1}{dt} - q\frac{dx'_1}{dt}\right) = \sum Z' - \sum Z'_e.\end{aligned}\right.$$

Équations du principe des aires.

7. Pour simplifier, posons

$$R^2 = x'^2 + y'^2 + z'^2;$$

représentons aussi par L, M, N les expressions telles que celle-ci :

$$\Sigma(y'Z' - z'Y') - \Sigma(y'Z'_e - z'Y'_e);$$

enfin donnons à H la même signification que dans le paragraphe précédent. Alors les trois équations du principe des aires sont les suivantes :

$$\sum m\left(y'\frac{d^2z'}{dt^2}-z'\frac{d^2y'}{dt^2}\right)-2\sum m\mathrm{H}\frac{dx'}{dt}+2\sum mp\mathrm{R}\frac{d\mathrm{R}}{dt}=\mathrm{L},$$

$$\sum m\left(z'\frac{d^2x'}{dt^2}-x'\frac{d^2z'}{dt^2}\right)-2\sum m\mathrm{H}\frac{dy'}{dt}+2\sum mq\mathrm{R}\frac{d\mathrm{R}}{dt}=\mathrm{M},$$

$$\sum m\left(x'\frac{dy'}{dt}-y'\frac{dx'}{dt}\right)-2\sum m\mathrm{H}\frac{dz'}{dt}+2\sum mr\mathrm{R}\frac{d\mathrm{R}}{dt}=\mathrm{N}.$$

III.

Mouvement d'un corps solide.

8. Proposons-nous de déterminer le mouvement apparent d'un corps solide entièrement libre. Ce mouvement, quel qu'il soit, se réduit au mouvement du centre de gravité du corps, lequel est donné par les équations (16), et au mouvement de rotation du corps autour de son centre de gravité. Démontrons d'abord que ce mouvement de rotation est le même que si ce centre de gravité était en repos apparent. Soient, en effet, x'_1, y'_1, z'_1 les coordonnées apparentes du centre de gravité, et x'', y'', z'' les coordonnées d'un point quelconque du corps relativement au centre de gravité ; on a

$$x'=x'_1+x'',\quad y'=y'_1+y'',\quad z'=z'_1+z''.$$

Introduisant ces quantités dans l'équation générale (10) des mouvements apparents, on trouve que cette équation est la même en x'', y'', z'', qu'en x', y', z', ce qui démontre le théorème énoncé.

9. La recherche du mouvement du corps solide est ainsi ramenée à celle du mouvement apparent de ce corps autour de son centre de gravité, considéré comme un point fixe pour l'observateur entraîné à son insu avec les axes mobiles. Ce mouvement est celui des planètes autour de leur centre. Cela revient à déterminer à un instant quelconque la position des axes principaux d'inertie du corps, relatifs au centre de gravité, par rapport à trois axes dont la loi du mouvement est connue. Ce que nous allons dire s'applique aussi au cas où le point fixe n'est pas le centre de gravité, mais un point quelconque du corps.

Soient X, Y, Z trois axes fixes dans l'espace absolu, X', Y', Z' trois autres axes ayant un mouvement donné, et X'', Y'', Z'' les trois axes principaux d'inertie du corps relatifs au point fixe. La nature du mouvement des axes X', Y', Z' étant connue, on a en fonction du temps, et les composantes p, q, r de la vitesse de rotation de ces axes, et aussi les neuf cosinus des angles qui fixent la position de ces axes par rapport aux axes fixes. Remarquons maintenant que, dans le mouvement du corps, il y a une vitesse de rotation apparente et une vitesse absolue. Soient p_1, q_1, r_1 les composantes de la vitesse apparente autour des axes principaux d'inertie, et p_2, q_2, r_2 les composantes de la vitesse absolue autour des mêmes axes. Enfin soient φ, ψ, θ les angles qui déterminent la position de X'', Y'', Z'' par rapport à X', Y', Z'. Le problème à résoudre consiste à trouver les trois derniers angles en fonction du temps.

10. On a d'abord les trois relations suivantes :

$$(17)\qquad \left\{\begin{aligned} p_1 &= \cos\varphi\frac{d\theta}{dt} + \sin\varphi\sin\theta\frac{d\psi}{dt},\\ q_1 &= -\sin\varphi\frac{d\theta}{dt} + \cos\varphi\sin\theta\frac{d\psi}{dt},\\ r_1 &= \frac{d\varphi}{dt} + \cos\varphi\frac{d\psi}{dt}.\end{aligned}\right.$$

Les trois équations d'Euler ayant lieu pour le mouvement absolu, on a aussi

$$(18)\qquad \left\{\begin{aligned} A\frac{dp_2}{dt} &= (B - C)q_2 r_2 + L,\\ B\frac{dq_2}{dt} &= (C - A)p_2 r_2 + M,\\ C\frac{dr_2}{dt} &= (A - B)p_2 q_2 + N.\end{aligned}\right.$$

Les diverses quantités qui entrent dans ces équations, ont la signification qu'on leur donne ordinairement.

Ce qui précède montre que les trois équations d'Euler, servant à déterminer le mouvement absolu d'un corps autour d'un point fixe, n'ont pas lieu pour les mouvements apparents. Nous allons rechercher la forme qu'elles prennent dans ce dernier cas. Établissons d'abord les relations qui existent entre les vitesses absolue et apparente. Imaginons que, pendant l'instant dt, les axes X'', Y'', Z'' soient invariablement liés aux axes X', Y', Z', lesquels éprouvent un déplacement résultant des trois rotations

$$p\,dt,\quad q\,dt,\quad r\,dt,$$

autour de

$$X',\quad Y',\quad Z'.$$

Mais, pendant le même instant, les axes X'', Y'', Z'' ont éprouvé, par rapport aux axes X', Y', Z', un déplacement provenant des trois rotations

$$p_1\,dt,\quad q_1\,dt,\quad r_1\,dt,$$

autour de

$$X'',\quad Y'',\quad Z''.$$

Or, par ces deux déplacements, le corps se trouve dans la position qu'il doit occuper après l'instant dt. Donc, si l'on représente par (abc), $(a'b'c')$, $(a''b''c'')$ les cosinus des angles qui déterminent la position de X'', Y'', Z'' par rapport à X', Y', Z', on a

$$(19)\qquad \begin{cases} p_2 = p_1 + ap + a'q + a''r, \\ q_2 = q_1 + bp + b'q + b''r, \\ r_2 = r_1 + cp + c'q + c''r. \end{cases}$$

D'ailleurs les neuf cosinus sont donnés, au moyen des trois angles φ, ψ, θ, par les formules suivantes :

$$(20)\qquad \begin{cases} a = \cos\varphi\cos\psi - \sin\varphi\sin\psi\cos\theta, \\ b = -\sin\varphi\cos\psi - \cos\varphi\sin\psi\cos\theta, \\ c = \sin\theta\sin\psi, \\ a' = \cos\varphi\sin\psi + \sin\varphi\cos\psi\cos\theta, \\ b' = -\sin\varphi\sin\psi + \cos\varphi\cos\psi\cos\theta, \\ c' = -\cos\psi\sin\theta, \\ a'' = \sin\varphi\sin\theta, \\ b'' = \cos\varphi\sin\theta, \\ c'' = \cos\theta. \end{cases}$$

Les systèmes d'équations (17), (18), (19) et (20) serviront à déterminer en fonction du temps les six quantités p_1, q_1, r_1, φ, ψ, θ, ce qui donne la solution complète du problème.

Les trois équations d'Euler (18) deviennent du second ordre par rapport aux trois angles inconnus φ, ψ, θ, en remplaçant p_2, q_2, r_2 par les valeurs fournies par les équations (19), et tenant ensuite compte des équations (17) et (20).

11. Le problème du mouvement apparent d'un corps autour d'un de ses points peut être résolu d'une manière simple, quand on connaît déjà le mouvement absolu. Car alors les neuf cosinus (abc), $(a'b'c')$, $(a''b''c'')$ des angles que les axes mobiles font avec les axes fixes, sont des fonctions connues du temps, et aussi les neuf cosinus $(a_1 b_1 c_1)$, $(a'_1 b'_1 c'_1)$, $(a''_1 b''_1 c''_1)$ des angles que les axes principaux du corps font avec les mêmes axes fixes, puisque le mouvement absolu est déterminé. Les neuf cosinus $(a_2 b_2 c_2)$, $(a'_2 b'_2 c'_2)$, $(a''_2 b''_2 c''_2)$, des angles que les axes principaux font avec les axes mobiles, doivent être déterminés en fonction du temps, pour que le mouvement apparent soit connu. Or leurs valeurs s'obtiennent immédiatement en fonction des dix-huit cosinus précédents, au moyen de la formule de l'angle de deux droites; on trouve ainsi

$$(21)\quad \left\{\begin{aligned}
a_2 &= aa_1 + a'a'_1 + a''a''_1,\\
a'_2 &= ba_1 + b'a'_1 + b''a''_1,\\
a''_2 &= ca_1 + c'a'_1 + c''a''_1;\\
b_2 &= ab_1 + a'b'_1 + a''b''_1,\\
b'_2 &= bb_1 + b'b'_1 + b''b''_1,\\
b''_2 &= cb_1 + c'b'_1 + c''b''_1,\\
c_2 &= ac_1 + a'c'_1 + a''c''_1,\\
c'_2 &= bc_1 + b'c'_1 + b''c''_1,\\
c''_2 &= cc_1 + c'c'_1 + c''c''_1.
\end{aligned}\right.$$

Le mouvement apparent est ainsi complétement déterminé. Si l'on préfère n'employer que les trois angles φ, ψ, θ, on sait qu'on a les relations

$$
(22) \quad \left\{
\begin{aligned}
\operatorname{tang}\varphi &= -\frac{a''_2}{b''_2} = -\frac{ca_1 + c'a'_1 + c''a''_1}{cb_1 + c'b'_1 + c''b''_1},\\
\operatorname{tang}\psi &= -\frac{c_2}{c'_2} = -\frac{ac_1 + a'c'_1 + a''c''_1}{bc_1 + b'c'_1 + b''c''_1},\\
\cos\theta &= c_2 = ac_1 + a'c'_1 + a''c''_1.
\end{aligned}
\right.
$$

Ces trois dernières équations sont précisément les intégrales des équations simultanées du second ordre, dont nous avons parlé dans le numéro précédent.

12. Examinons si les images géométriques que M. Poinsot a données du mouvement absolu subsistent pour les mouvements apparents. Dans le mouvement absolu, l'ellipsoïde central reste tangent à un plan fixe, en supposant qu'il n'y a pas de forces extérieures; mais, dans le mouvement apparent transformé en mouvement absolu, il y a les *forces d'entraînement* et les *forces centrifuges composées*. Ainsi, dans le mouvement apparent, l'ellipsoïde central n'est pas, en général, tangent à un plan fixe; cette image géométrique n'a lieu que dans le cas très-particulier où le corps est sollicité par des forces détruisant à chaque instant les deux espèces de forces de Coriolis. Le mouvement absolu est encore représenté par le roulement sans glissement d'un cône du second degré invariablement lié au corps, sur un cône transcendant fixe dans l'espace. Or cette représentation subsiste quel que soit le mouvement absolu; par conséquent, tout ce qui s'applique à l'axe instantané absolu, s'applique aussi à l'axe instantané apparent, pourvu qu'on remplace ce qui est relatif au mouvement absolu, par ce qui correspond dans le mouvement apparent. D'après cela, le mouvement apparent peut être produit par le roulement sans glissement d'un certain cône attaché au corps, sur un autre cône qui paraît fixe dans l'espace à l'observateur entraîné avec les axes mobiles. Le cône attaché au corps ne coïncide pas avec le cône du second degré de M. Poinsot; sa nature dépend de la loi du mouvement des axes mobiles. En effet, on voit facilement que, pour représenter le mouvement absolu résultant du mouvement apparent, le cône attaché au corps devrait rouler et glisser à la fois sur un certain cône fixe dans l'espace.

IV.

Mouvement des projectiles et du pendule.

13. Supposons maintenant que le mouvement obligé des axes mobiles soit le mouvement diurne. Les trois axes mobiles auxquels nous rapporterons le mouvement, sont : la verticale du lieu dirigée vers le centre de la terre; la tangente au parallèle décrit par l'origine mobile et dirigée vers l'est; et, enfin, la tangente au méridien dirigée vers le nord. D'ailleurs, nous considérerons trois axes fixes, l'un étant l'axe terrestre, et les deux autres deux droites perpendiculaires situées dans le plan de l'équateur.

Pour déterminer le mouvement d'un système de points matériels, cherchons les valeurs des coordonnées d'un point quelconque de ce système par rapport aux axes fixes, en fonction des coordonnées du même point par rapport aux axes mobiles. Pour cela, faisons d'abord une première transformation d'axes de rectangulaires à rectangulaires dans le plan de l'équateur. En appelant ω la vitesse angulaire de la terre, on a, pour les formules de transformation :

$$x = x' \cos \omega t - y' \sin \omega t,$$
$$y = x' \sin \omega t + y' \cos \omega t,$$
$$z = z'.$$

Prenons pour origine mobile le point du méridien où se trouve l'observateur à l'origine du temps; h et k étant les coordonnées de ce point, et λ sa latitude, on trouve

$$x' = h + x'' \sin \lambda - z'' \cos \lambda,$$
$$y' = y'',$$
$$z' = k + x'' \cos \lambda - z'' \sin \lambda.$$

Par suite, les valeurs demandées sont :

$$x = h \cos \omega t - x'' \sin \lambda \cos \omega t - y'' \sin \omega t - z'' \cos \lambda \cos \omega t,$$
$$y = h \sin \omega t - x'' \sin \lambda \sin \omega t + y'' \cos \omega t - z'' \cos \lambda \sin \omega t,$$
$$z = k + x'' \cos \lambda - z'' \sin \lambda.$$

La comparaison de ces équations avec les équations (2) donne :

$$\begin{array}{lll} \alpha = h\cos\omega t, & \beta = h\sin\omega t, & \gamma = k, \\ a = -\sin\lambda\cos\omega t, & b = -\sin\omega t, & c = -\cos\lambda\cos\omega t; \\ a' = -\sin\lambda\sin\omega t, & b' = \cos\omega t, & c' = -\cos\lambda\sin\omega t; \\ a'' = \cos\lambda, & b'' = 0, & c'' = -\sin\lambda. \end{array}$$

De là se déduisent les valeurs suivantes :

$$p = \omega\cos\lambda, \quad q = 0, \quad r = -\omega\sin\lambda.$$

On trouve directement ces valeurs, en décomposant la vitesse de rotation de la terre autour de la tangente au méridien et autour de la verticale.

On trouve pareillement :

$$\frac{d^2\alpha}{dt^2} = -h\omega^2\cos\omega t, \quad \frac{d^2\beta}{dt^2} = -h\omega^2\sin\omega t, \quad \frac{d^2\gamma}{dt^2} = 0,$$

$$\frac{X'_e}{m} = h\omega^2\sin\lambda - \omega^2\sin^2\lambda\, x'' - \omega^2\sin\lambda\cos\lambda . z'',$$

$$\frac{Y'_e}{m} = -\omega^2 y'',$$

$$\frac{Z'_e}{m} = h\omega^2\cos\lambda - \omega^2\sin\lambda\cos\lambda . x'' - \omega^2\cos^2\lambda . z''.$$

Substituant toutes ces valeurs dans l'équation (10), il vient, en supprimant les accents :

$$(23)\quad \sum\left\{\begin{array}{l} \left(\begin{array}{l}\frac{X}{m} - \frac{d^2x}{dt^2} + \omega^2\sin^2\lambda . x + \omega^2\sin\lambda\cos\lambda . z \\ -2\omega\sin\lambda . \frac{dy}{dt} - h\omega^2\sin\lambda\end{array}\right)\delta x \\ + \left(\begin{array}{l}\frac{Y}{m} - \frac{d^2y}{dt^2} + \omega^2 y + 2\omega\sin\lambda . \frac{dx}{dt} \\ + 2\omega\cos\lambda . \frac{dz}{dt}\end{array}\right)\delta y \\ + \left(\begin{array}{l}\frac{Z}{m} - \frac{d^2z}{dt^2} + \omega^2\sin\lambda\cos\lambda . x + \omega^2\cos^2\lambda . z \\ -2\omega\cos\lambda . \frac{dy}{dt} - h\omega^2\cos\lambda\end{array}\right)\delta z \end{array}\right\} = 0.$$

14. Proposons-nous, par exemple, de déterminer la loi du mouvement d'un point matériel pesant lancé avec une vitesse initiale donnée en grandeur et en direction. En admettant d'abord que le mobile soit sollicité par des forces quelconques, l'équation précédente donne

$$\frac{d^2x}{dt^2} - \omega^2 \sin^2\lambda . x - \omega^2 \sin\lambda \cos\lambda . z + 2\omega \sin\lambda . \frac{dy}{dt} + h\omega^2 \sin\lambda = \frac{X}{m},$$

$$\frac{d^2y}{dt^2} - \omega^2 y - 2\omega \sin\lambda . \frac{dx}{dt} - 2\omega \cos\lambda . \frac{dz}{dt} = \frac{Y}{m},$$

$$\frac{d^2z}{dt^2} - \omega^2 \sin\lambda \cos\lambda . x - \omega^2 \cos^2\lambda . z + 2\omega \cos\lambda . \frac{dy}{dt} + h\omega^2 \cos\lambda = \frac{Z}{m}.$$

Pour exprimer que le mobile n'est soumis qu'à l'action de la pesanteur, nous admettrons que pendant toute la durée du mouvement, la pesanteur reste constante en grandeur et en direction, en sorte qu'il suffit de connaître sa valeur à un instant quelconque. Mais à l'origine du temps, le mobile resterait en équilibre si on lui appliquait son poids en sens contraire; donc, en appelant U, V, W les composantes de la pesanteur à cet instant, les équations précédentes sont satisfaites pour les valeurs

$$x = 0, \quad y = 0, \quad z = 0, \quad X = U, \quad Y = V, \quad Z = W - mg.$$

Il vient

$$\frac{U}{m} = h\omega^2 \sin\lambda, \quad \frac{V}{m} = 0, \quad \frac{W}{m} = g + h\omega^2 \cos\lambda.$$

Substituant ces valeurs de U, V, W pour X, Y, Z, on a, pour les équations du mouvement d'un projectile dans le vide,

$$\frac{d^2x}{dt^2} - \omega^2 \sin^2\lambda . x - \omega^2 \sin\lambda \cos\lambda . z + 2\omega \sin\lambda . \frac{dy}{dt} = 0,$$

$$\frac{d^2y}{dt^2} - \omega^2 y - 2\omega \sin\lambda . \frac{dx}{dt} - 2\omega \cos\lambda . \frac{dz}{dt} = 0,$$

$$\frac{d^2z}{dt^2} - \omega^2 \sin\lambda \cos\lambda . x - \omega^2 \cos^2\lambda . z + 2\omega \cos\lambda . \frac{dy}{dt} - g = 0.$$

En faisant $\omega = 0$, on trouve le cas résolu dans tous les Traités de mécanique. Pour déterminer le mouvement avec une certaine approximation, on peut négliger le carré de la vitesse angulaire de la terre, la seconde étant prise pour unité de temps. Nous avons alors à intégrer les trois équations simultanées suivantes, lesquelles sont linéaires et à coefficients constants :

$$\frac{d^2x}{dt^2} + 2\omega\sin\lambda . \frac{dy}{dt} = 0,$$

$$\frac{d^2y}{dt^2} - 2\omega\sin\lambda . \frac{dx}{dt} - 2\omega\cos\lambda . \frac{dz}{dt} = 0,$$

$$\frac{d^2z}{dt^2} + 2\omega\cos\lambda . \frac{dy}{dt} - g = 0.$$

En désignant par a, b, c les composantes de la vitesse initiale, on obtient pour les intégrales de ces équations,

$$x = at - b\omega\sin\lambda . t^2,$$

$$y = bt + \omega(a\sin\lambda + c\cos\lambda)t^2 + \frac{g\omega\cos\lambda}{3}t^3,$$

$$z = ct + \left(\frac{g}{2} + b\omega\sin\lambda\operatorname{tang}\lambda\right)t^2.$$

Le projectile ne rencontre pas le sol au point où il le rencontrerait si la terre était fixe. Ces dernières équations feront connaître le sens et la grandeur de la déviation, dès qu'on connaîtra la direction de la vitesse initiale.

En éliminant t entre ces trois équations, on aura les équations de la trajectoire apparente.

15. Les équations du mouvement du pendule de M. Foucault résultent immédiatement de l'équation (23), en supprimant le signe $\sum$. En effet, l étant la longueur du pendule, on a la relation

$$(24) \qquad x^2 + y^2 + z^2 = l^2;$$

d'où

$$x\delta x + y\delta y + z\delta z = 0.$$

Multipliant cette dernière équation par $\frac{N}{l}$, la retranchant ensuite de l'équation (23), et annulant les coefficients des variations dans le résultat, on obtient les trois équations :

$$\frac{X}{m} - \frac{d^2x}{dt^2} + \omega^2 \sin^2\lambda . x + \omega^2 \sin\lambda \cos\lambda . z - 2\omega \sin\lambda \cdot \frac{dy}{dt}$$
$$- h\omega^2 \sin\lambda - N\frac{x}{l} = 0,$$
$$\frac{Y}{m} - \frac{d^2y}{dt^2} + \omega^2 y + 2\omega \sin\lambda \cdot \frac{dx}{dt} + 2\omega \cos\lambda \cdot \frac{dz}{dt} - N \cdot \frac{y}{l} = 0,$$
$$\frac{Z}{m} - \frac{d^2z}{dt^2} + \omega^2 \sin\lambda \cos\lambda . x + \omega^2 \cos^2\lambda . z - 2\omega \cos\lambda \cdot \frac{dy}{dt}$$
$$- h\omega^2 \cos\lambda - N\frac{z}{l} = 0.$$

Pour exprimer que le pendule est pesant, nous admettrons, comme nous l'avons déjà fait pour le mouvement d'un projectile, que la pesanteur soit constante en grandeur et en direction. Or, dans la position d'équilibre qui correspond à $x = 0$, $y = 0$, $z = l$, les équations du mouvement étant satisfaites, et la valeur de la tension du fil étant alors le poids g, on a les trois équations suivantes pour déterminer les composantes de la pesanteur :

$$\frac{X}{m} + \omega^2 \sin\lambda \cos\lambda . l - h\omega^2 \sin\lambda = 0,$$
$$\frac{Y}{m} = 0,$$
$$\frac{Z}{m} + \omega^2 \cos^2\lambda . l - h\omega^2 \cos\lambda - g = 0.$$

Substituant ces valeurs dans les équations ci-dessus, il vient, pour les équations du mouvement du pendule :

$$\frac{d^2x}{dt^2} - \omega^2 \sin^2\lambda . x + N\frac{x}{l} - \omega^2 \sin\lambda \cos\lambda . z + 2\omega \sin\lambda \cdot \frac{dy}{dt}$$
$$+ \omega^2 \sin\lambda \cos\lambda . l = 0,$$
$$\frac{d^2y}{dt^2} - \omega^2 y + N\frac{y}{l} - 2\omega \sin\lambda \cdot \frac{dx}{dt} - 2\omega \cos\lambda \cdot \frac{dz}{dt} = 0,$$
$$\frac{d^2z}{dt^2} - \omega^2 \cos^2\lambda . z + N\frac{z}{l} - \omega^2 \sin\lambda \cos\lambda . x + 2\omega \cos\lambda \cdot \frac{dy}{dt}$$
$$+ \omega^2 \cos^2\lambda . l - g = 0.$$

Ces trois équations, jointes à l'équation (24), serviront à déterminer les quatre inconnues x, y, z, N en fonction du temps.

La détermination approchée de ce mouvement a été faite par M. Binet, dans les *Comptes rendus de l'Académie des Sciences* (année 1851).

16. Dans la même séance de l'Institut où M. Binet donna lecture de sa Note sur l'intégration des équations ci-dessus, MM. Liouville et Poinsot indiquèrent, de vive voix, une explication très-simple de la déviation apparente du plan d'oscillation. D'abord au pôle il n'y a pas de difficulté; il est évident que si le point de suspension du pendule est sur le prolongement de l'axe terrestre, le plan d'oscillation pourra être considéré comme invariable dans l'espace, vu que le mouvement de translation de la terre n'a aucune influence. Mais l'observateur placé dans le voisinage du pôle participant, à son insu, au mouvement diurne, il lui semblera que le plan d'oscillation a un mouvement égal et contraire au sien, et ainsi ce plan lui paraîtra effectuer une révolution complète en vingt-quatre heures.

Il est facile de ramener l'explication pour une latitude quelconque à celle que nous venons de donner pour le pôle. A cet effet, décomposons, comme nous l'avons déjà fait au n° **13**, la vitesse de rotation de la terre en deux autres, autour de la méridienne et autour de la verticale; ces composantes en valeur absolue sont $\omega \cos \lambda$ et $\omega \sin \lambda$. La rotation autour de la méridienne ne produit aucune apparence, car elle se communique à la fois au globe terrestre et au plan d'oscillation. La rotation autour de la verticale n'agit nullement sur le plan d'oscillation; et comme, en vertu de cette rotation, l'observateur qui se croit immobile reçoit un certain mouvement, il attribue au plan d'oscillation un mouvement égal et contraire. Ici, la rotation terrestre n'agit pas tout entière comme au pôle, mais seulement sa composante $\omega \sin \lambda$ autour de la verticale; aussi la durée d'une révolution est plus grande qu'au pôle. Par exemple, dans le pendule de M. Foucault, qui avait 64 mètres, cette durée était de 32 heures. Il résulte de ce qui précède, que c'est la composante $\omega \sin \lambda$ qui produit le phénomène; comme cette rotation diminue à mesure qu'on s'approche de l'équateur, le phénomène devient de moins en moins sensible;

et, comme elle est nulle à l'équateur, il n'y a aucune apparence produite.

V.

Expériences nouvelles de M. Foucault.

17. M. Foucault vient de faire des expériences très-curieuses qui démontrent et rendent sensible, en quelque sorte, le mouvement de la terre sur elle-même. Ces expériences se rapportent à la théorie du mouvement d'un corps autour d'un axe. On sait qu'Euler, d'Alembert, Lagrange, Poisson, et dans ces derniers temps M. Poinsot, se sont occupés, d'une manière toute spéciale, de cette difficile question de la Dynamique. M. Foucault réalise expérimentalement les travaux analytiques de ces illustres savants. C'est dans la séance du 4 octobre de l'année dernière qu'il lut à l'Institut une analyse de son travail. Voici, d'une manière succincte, en quoi consistent ces expériences.

Première expérience.

Décrivons d'abord l'appareil dont M. Foucault se sert, et qu'il a nommé *gyroscope*. Le corps tournant est un tore monté sur un axe, lequel est porté à ses extrémités par un cercle. Ce cercle, à son tour, est muni de deux couteaux qui permettent de le suspendre. M. Foucault est parvenu à fixer invariablement à la terre le centre de gravité de ce tore, tout en laissant à ce corps la liberté de tourner en tout sens autour de ce point. A cet effet, il suspend à un fil sans torsion un cercle vertical, lequel porte deux petites plaques polies sur lesquelles on fait reposer les deux couteaux du cercle précédent, de manière que ce cercle soit horizontal. On reconnaît là le mode de suspension de Cardan. Au moyen des mouvements que peuvent prendre le cercle horizontal et le cercle vertical, le tore peut se mouvoir d'une manière arbitraire autour de son centre de gravité, lequel est fixe par rapport aux objets environnants. Supposons maintenant qu'on imprime un mouvement rapide au tore autour de son axe, et ensuite venons à le placer dans l'appareil précédent. L'axe de rotation étant un axe principal du tore, d'après la propriété des axes principaux d'inertie, cet axe conserve une direction constante quand on vient à déplacer la table sur laquelle repose l'appareil; on a là l'image de la direction constante de l'aiguille aimantée. Or, en regardant avec un microscope les traits verticaux qui sont tracés sur le bord du cercle vertical, on voit que ce cercle est doué d'un mouvement contraire à celui de la terre. Ainsi l'observateur attribue à l'appareil un mouvement contraire au sien, de même qu'il le fait pour les étoiles. Ce phénomène s'explique de la même manière que la déviation du plan d'oscillation du pendule; car, en décomposant la rotation terrestre autour de la tangente au méridien et autour de la verticale, la première composante agit à la fois sur le cercle vertical et sur la terre, et, par conséquent, l'apparence observée résulte uniquement de la composante autour de la verticale, de même que dans le pendule.

Seconde expérience.

Le tore étant toujours animé d'un mouvement rapide autour de son axe, supposons qu'on fasse reposer les deux couteaux du cercle qui le supporte sur deux pivots verticaux, et admettons d'abord que la ligne qui passe par ces couteaux soit dirigée de l'est à l'ouest; alors l'axe de rotation ne peut décrire que le méridien du lieu, mais il peut avoir telle position qu'on veut dans ce plan. Le tore est ainsi soumis à deux rotations simultanées, à la rotation actuelle qu'il a autour de son axe, et, en outre, à une rotation autour de l'axe terrestre. A chaque instant, ces deux rotations se composant en une seule, l'axe de rotation se déplace graduellement. Et, en effet, quelle que soit la position initiale de cet axe, on le voit se mouvoir jusqu'à ce qu'il ait atteint une position d'équilibre; alors il se trouve parallèle à l'axe de la terre, et le mouvement du tore s'effectue dans le même sens que celui de la terre.

Dans l'expérience précédente, nous avons particularisé la position de la ligne passant par les couteaux. Si l'on donne à cette ligne toute autre position, de manière que l'axe de rotation décrive toujours un plan vertical, cet axe ayant d'abord une position quelconque se déplace à cause des deux rotations auxquelles il est soumis, et il finit par prendre la direction la plus voisine de l'axe du monde. Par exemple, si la ligne des couteaux va du nord au sud, l'axe de rotation vient se confondre avec la verticale.

Jusqu'à présent, l'axe de rotation a été considéré comme décrivant un plan vertical. Si on l'assujettit à se trouver sur un plan horizontal, ce qui revient à mettre la ligne des couteaux verticale, il se déplace jusqu'à ce qu'il coïncide avec la méridienne, comme cela a lieu pour l'aiguille de la boussole de déclinaison.

Vu et approuvé,
Le 4 Mai 1853,
LE DOYEN DE LA FACULTÉ DES SCIENCES,
MILNE EDWARDS.

Permis d'imprimer,
Le 9 Mai 1853,
LE RECTEUR DE L'ACADÉMIE DE LA SEINE,
CAYX.

PARIS. — IMPRIMERIE DE MALLET-BACHELIER,
rue du Jardinet, 12.

PARIS. — IMPRIMERIE DE MALLET-BACHELIER, GENDRE ET SUCCESSEUR DE BACHELIER,
RUE DU JARDINET, 12.

www.ingramcontent.com/pod-product-compliance
Ingram Content Group UK Ltd.
Pitfield, Milton Keynes, MK11 3LW, UK
UKHW022134190726
13855UKWH00003B/1143

9 782013 554008